动手学 PyTorch

深度学习建模与应用

王国平 / 编著

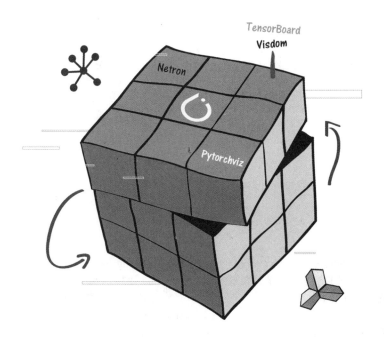

清华大学出版社
北京

内 容 简 介

本书以新版深度学习框架 PyTorch 为基础，循序渐进地介绍其在深度学习中的应用。全书共 10 章，从深度学习数学知识入手，逐步介绍 PyTorch 在数值建模、图像建模、文本建模、音频建模中的基本概念及应用示例，还将介绍模型的可视化和联邦学习等内容，以扩展读者的视野。本书在讲解每一个知识点的同时，都配合有动手练习实例，便于读者深入理解所学知识，并达成学以致用的目标。

本书原理与实践并重，易于理解且可操作性强，特别适合 PyTorch 新手、大学生、研究人员和开发人员使用，也可作为高等院校相关专业的教学用书。

图书在版编目（CIP）数据

动手学 PyTorch 深度学习建模与应用 / 王国平编著. –北京：清华大学出版社，2022.1（2024.3重印）
ISBN 978-7-302-59898-5

I. ①动… II. ①王… III. ①机器学习 IV. ①TP181

中国版本图书馆 CIP 数据核字（2022）第 010633 号

责任编辑：王金柱
封面设计：王　翔
责任校对：闫秀华
责任印制：丛怀宇

出版发行：清华大学出版社
　　　　网　　　址：https://www.tup.com.cn, https://www.wqxuetang.com
　　　　地　　　址：北京清华大学学研大厦 A 座　　　　　　邮　　编：100084
　　　　社 总 机：010-83470000　　　　　　　　　　　　　邮　　购：010-62786544
　　　　投稿与读者服务：010-62776969，c-service@tup.tsinghua.edu.cn
　　　　质量反馈：010-62772015，zhiliang@tup.tsinghua.edu.cn
印 装 者：三河市君旺印务有限公司
经　　销：全国新华书店
开　　本：180mm×230mm　　　　印　　张：17　　　字　　数：435 千字
版　　次：2022 年 3 月第 1 版　　　　　　　　　　印　　次：2024 年 3 月第 4 次印刷
定　　价：79.00 元

产品编号：092612-01

前　言

在人工智能时代，机器学习技术日新月异，深度学习是机器学习领域中一个全新的研究方向和应用热点，它是机器学习的一种，也是实现人工智能的必由之路。深度学习的出现不仅推动了机器学习的发展，还促进了人工智能技术的革新，已经被成功应用在语音识别、图像分类识别、地球物理等领域，具有巨大的发展潜力和价值。

PyTorch 作为深度学习的重要框架，近年来备受读者喜爱，自推出后得到了广泛的应用，无论是工业界还是工程研究人员，使用 PyTorch 进行深度学习的研究和开发已经成为主流。本书是笔者使用 PyTorch 进行深度学习开发和学习的成果，其中循序渐进地介绍了 PyTorch 进行深度学习开发的重要概念、术语，对于 PyTorch 在数值建模、图像建模、文本建模、音频建模、模型可视化领域的应用进行了深入浅出的探索，同时扩展性地介绍了新兴的联邦学习知识等。各章除了讲述深度学习的理论知识与应用技术外，还精选了 20 个研究实例，目的在于帮助读者在学习 PyTorch 的过程中快速领悟其原理。

本书理论兼顾实践，易于理解且可操作性强，作为初学者或者正在学习 PyTorch 进行深度学习的大学生、研究生或开发人员，本书可作为快速上手 PyTorch 的指南。

本书内容

本书共 10 章，各章内容概述如下：

第 1 章搭建深度学习环境，内容包括深度学习概述、搭建开发环境以及一个简单的案例。

第 2 章介绍深度学习的数学基础，包括函数、微分、数理统计、矩阵等基础及其案例。

第 3 章介绍 PyTorch 的基本概念，包括张量的创建、激活函数、损失函数、优化器等。

第 4 章介绍 PyTorch 深度神经网络，包括神经网络概述、卷积神经网络、循环神经网络。

第 5 章介绍 PyTorch 数值建模，包括回归分析、聚类分析、主成分分析、模型评估与调优。

第 6 章介绍 PyTorch 图像建模，包括图像分类技术、图像识别技术、图像分割技术及案例。

第 7 章介绍 PyTorch 文本建模，包括 Word2vec、Seq2Seq、Attention 模型及其案例。

第 8 章介绍 PyTorch 音频建模，包括音频处理及应用、音频特征提取、音频建模案例。

第 9 章介绍 PyTorch 模型可视化，包括 Visdom、TensorBoard、Pytorchviz、Netron。

第 10 章介绍联邦学习的算法原理、主要类型、研究现状等，通过案例介绍其建模流程。

本书的特色

本书是一本综合讲述深度学习和 PyTorch 框架的入门书，从数学知识和基本概念入手讲解，语言通俗，图文并茂，非常易于理解。

全书共 20 个案例，基本上每一种模型都先讲解基础知识，再配合实操案例，理论兼备实操，有助于读者快速理解。

所有程序示例都进行了详细说明，同时在讲解程序示例时辅以练习题。全书程序示例都免费提供完整的源代码，读者可以参照程序直接上机实践与练习。

本书的内容也较为丰富，涉及深度神经网络、数值建模、图像建模、文本建模、音频建模、模型可视化等内容，有助于读者在学习 PyTorch 框架的基础上广泛了解深度学习在多个领域的应用。

本书使用当前新版 Python 3.10 和 PyTorch 1.10 版本编写，旨在使读者了解新版本的新特性。

配书资源

（1）源码下载

本书提供了超过 4GB 的源码，方便读者上机练习，扫描以下二维码即可下载：

（2）PPT 课件

本书还提供了精心制作的 PPT 课件，便于读者巩固所学知识，同时方便有教学需求的读者使用，扫描以下二维码即可下载：

读者对象

- PyTorch 初学者、大学生、研究生和深度学习开发人员。
- 互联网、银行、咨询、能源等行业的数据分析人员。

由于编者水平所限，书中难免存在疏漏之处，敬请广大读者和业界专家批评指正。

编　者
2022 年 1 月

目　　录

第1章

深度学习环境搭建

深度学习（Deep Learning）是人工智能的一种，相比于传统的机器学习，它在某些领域展现出了接近人类的智能分析效果，开始逐渐走进我们的生活，例如刷脸支付、语音识别、智能驾驶等。本章首先介绍深度学习的发展史、深度学习框架和应用领域，然后介绍如何搭建深度学习的开发环境。

1.1 深度学习概述

深度学习可以让计算机从经验中进行学习，并根据层次化的概念来理解世界，让计算机从经验中获取知识，可以避免由人类来给计算机形式化地制定它所需要的所有知识。本节介绍深度学习的发展历史和主要框架，以及重要的应用领域。

1.1.1 深度学习发展历史

深度学习的出现主要是为了解决那些对于人类来说很容易执行，但却很难形式化描述的任务。对于这些任务，我们可以凭借直觉轻易解决，但对于人工智能来说却很难解决。

2006 年是深度学习的元年，Hinton 教授在《科学》杂志上发表论文，提出了深层网络训练中梯度消失问题的解决方案，其主要思想是先通过自学习的方法学习到训练数据的结构（自动编码器），再在该结构上进行有监督训练微调。

2011 年，ReLU 激活函数被提出，该激活函数能够有效地抑制梯度消失问题，并且微软首次将深度学习应用在语音识别上，取得了重大突破。

2012 年，深度神经网络（Deep Neural Network，DNN）技术在图像识别领域取得惊人的效果，Hinton 教授的团队利用卷积神经网络（Convolutional Neural Network，CNN）设计了 AlexNet，使之在 ImageNet 图像识别大赛上打败了所有团队。

2015 年，深度残差网络（Deep Residual Network，ResNet）被提出，它是由微软研究院的何凯明小组提出来的一种极度深层的网络，当时提出来的时候已经达到了 152 层，并获得了全球权威的计算机视觉竞赛的冠军。

这个历程如图 1-1 所示。

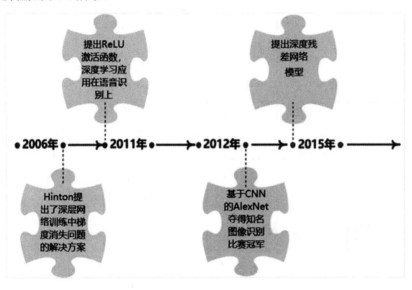

图 1-1　深度学习发展历史

1.1.2　深度学习框架比较

深度学习框架通过将深度学习算法模块化封装能够实现模型的快速训练、测试与调优，为技术应用的预测与决策提供有力支持，当前人工智能生态的朝气蓬勃与深度学习框架的百家齐放可谓相辅相成，相互成就。

以 Python 为代表的深度学习框架主要有谷歌的 TensorFlow、Facebook 的 PyTorch、Theano、MXNET、微软的 CNTK 等，如何选择和搭建适合的开发环境对今后的学习与提高十分重要。从 GitHub 查看架构的讨论热度、各大顶级会议的选择而言，TensorFlow 和 PyTorch 无疑是当前受众广、热度高的两种深度学习框架。

1. TensorFlow简介

TensorFlow 的前身是 2011 年 Google Brain 内部孵化项目 DistBelief，它是一个为深度神经网络构建的机器学习系统。经过 Google 公司内部的锤炼后，在 2015 年 11 月 9 日，对外发布了 TensorFlow，并于 2017 年 2 月发布了 1.0.0 版本，这标志着 TensorFlow 稳定版本的诞生。2018 年 9 月，TensorFlow 1.2 版本发布，并将 Keras 融入 TensorFlow，作为 TensorFlow 的高级 API，这也标志着 TensorFlow 在面向数百万新用户开源的道路上迈出了最重要的一步。2021 年 5 月发布了 TensorFlow 2.5.0 的正式版，包括对于分布式训练和混合精度新功能的支持、对 NumPy API 子集的试验性支持以及一些用于监测性能瓶颈的新工具，使得 TensorFlow 的功能空前强大。

2. PyTorch简介

相比 TensorFlow 而言，PyTorch 则比较年轻。2017 年 1 月，由 Facebook 人工智能研究院（FAIR）基于 Torch 推出了 PyTorch，并于 2018 年 5 月正式公布 PyTorch 1.0 版本，这个新的框架将 PyTorch 0.4 与贾扬清的 Caffe2 合并，并整合 ONNX 格式，让开发者可以无缝地将 AI 模型从研究转到生产，而无须处理迁移。新的稳定版是 PyTorch 1.9.1，2021 年 9 月对外发布，包含很多新的 API，如支持 NumPy 兼容的 FFT 操作、性能分析工具，以及对基于分布式数据并行（Distributed Data Paralle，DDP）和基于远程过程调用（Remote Procedure Call，RPC）的分布式训练，PyTorch 官方还开源了很多新工具和库，使得 PyTorch 的众多功能向 TensorFlow 趋同，同时保有自身原有的特性，竞争力得到极大增强。

3. 两种框架的比较

下面对 TensorFlow 和 PyTorch 在研究领域的使用现状进行详细分析，统计结果主要是基于 5 大顶级会议论文的使用率来比较趋势，研究领域的关键统计结果展示如表 1-1 所示。

表 1-1　会议论文中深度学习框架的使用率

会议名称	PyTorch			TensorFlow		
	2018 年	2019 年	增 长 率	2018 年	2019 年	增 长 率
CVPR	82	280	241.50%	116	125	7.80%
NAACL	12	66	450.00%	34	21	−38.20%
ACL	26	103	296.20%	34	33	−2.90%
ICLR	24	70	191.70%	54	53	−1.90%
ICML	23	69	200.00%	40	53	32.50%

从表 1-1 可以发现，在 2019 年，研究领域 PyTorch 的使用率飞速提升，69%的 CVPR 论文、75%以上的 NAACL 和 ACL 论文以及 50%以上的 ICLR 和 ICML 论文都选择使用 PyTorch，可谓迅速获得研究人员的青睐，而 TensorFlow 则没有如此耀眼的数据。

一个良好的深度学习框架应该具备优化的性能、易于理解的框架与编码、良好的社区支持、并行化的进程以及自动计算梯度等特征，TensorFlow 和 PyTorch 在这些方面都有良好的表现，为了更为细致地比较两者之间的差异优势，下面将对新版 TensorFlow 2.5 版本和 PyTorch 1.9 版本先从运行机制、训练模式、可视化情况、生产部署等方面进行差异比较，再通过细化特征进行定性比较，最后归类对应适用场景的建议。

（1）运行机制

两个框架都是在张量上进行运算，并将任意一个模型看成是有向无环图（Direct Acyclic Graph，DAG），但 TensorFlow 遵循"数据即代码，代码即数据"的理念，当在 TensorFlow 中运行代码时，DAG 是以静态方式定义的，若需要实现动态 DAG，则需要借助 TensorFlow Fold 库；而 PyTorch 属于更 Python 化的框架，动态 DAG 是内置的，可以随时定义、随时更改、随时执行节点，并且没有特殊的会话接口或占位符，相当灵活。

（2）训练模式

在分布式训练中，TensorFlow 和 PyTorch 的一个主要差异特点是数据并行化，使用 TensorFlow 时，使用者必须手动编写代码，并微调在特定设备上运行的每个操作，以实现分布式训练；而 PyTorch 则是利用异步执行的本地支持来实现的，其自身在分布式中的训练是比较欠缺的。

（3）可视化情况

在可视化方面，TensorFlow 内置的 TensorBoard 非常强大，能够显示模型图，绘制标量变量，实现图像、嵌入可视化，甚至是播放音频等功能；反观 PyTorch 的可视化情况，则显得有点差强人意，开发者可以使用 Visdom，但是 Visdom 提供的功能很简单且有限，可视化效果远远比不上 TensorBoard。

（4）生产部署

对于生产部署而言，TensorFlow 具有绝对的优势，它可以直接使用 TensorFlow Serving 在 TensorFlow 中部署模型；而 PyTorch 没有提供任何用于在网络上直接部署模型的框架，需要使用 Flask 或者另一种替代方法来基于模型编写一个 RESTAPI。

（5）适用场景建议

当需要拥有丰富的入门资源、开发大型生产模型、可视化要求较高、大规模分布式模型训练时，TensorFlow 或许是当前最好的选择；而如果想要快速上手、对于功能性需求不苛刻、追求良好的开发和调试体验、擅长 Python 化的工具时，PyTorch 或许是值得尝试的框架。

　　总之，TensorFlow 在保持原有优势的同时进一步融合包括 Keras 在内的优质资源，极大地增强了易用性与可调试性；而 PyTorch 虽然年轻，但增长的势头猛烈，并通过融合 Caffe2 来进一步强化自身优势。两者都在保留原有优势的同时，努力补齐自身短板，这使得在某种程度上两者有融合的趋势，未来哪一种框架更具优势，现在定论必定过早。因此，在选择框架时，可参照上述内容，并结合项目的时效、成本、维护等多方面综合考虑后决定。

1.1.3　深度学习应用领域

　　通过模型多层的"学习"，计算机能够用简单形象的形式来表达复杂抽象的概念，解决了深度学习的核心问题。如今，深度学习的研究成果已成功应用于推荐算法、语音识别、模式识别、目标检测、智慧城市等领域，如图 1-2 所示。

图 1-2　深度学习应用领域

1. 推荐算法

　　随着互联网技术的快速发展，在满足用户需求的同时，也带来了信息过载问题。如何从庞大的信息中快速找到感兴趣的信息变得极其重要，个性化推荐也因此变得比较热门，电商平台通常利用用户平时购买商品的记录，门户网站通常根据用户浏览新闻的类别，娱乐行业通过分析用户观看电影的类型等历史行为数据来挖掘用户的兴趣，并对其推荐相关的信息。

2. 语音识别

　　语音信号的特征提取与使用是语音识别系统的重要步骤，其主要的目的是量化语音信号所携带的众多相关信息，得到可以代表语音信号区域的特征点，显示出了其比传统方法具有更大的优势。利用深度学习对原始数据进行逐层映射，能够提取出能较好地代表原始数据的深层次的本质特点，从而提高了传统的语音识别系统的工作性能。

3. 模式识别

传统的模式识别方法就可以获得许多传统特征。然而，传统的模式识别方法依赖专家知识选取有效特征，过程繁杂、费时费力且成本高昂，很难利用大数据的优势。与传统的模式识别方法最大的不同在于，基于深度学习的模式识别方法能够从数据中自动学习刻画数据本质的特征表示，摒弃了复杂的人工特征提取过程。

4. 目标检测

目标检测是计算机视觉领域的研究热点。近年来，目标检测的深度学习算法有突飞猛进的发展。目标检测作为计算机视觉的一个重要研究方向，已广泛应用于人脸检测、行人检测和无人驾驶等领域。随着大数据、计算机硬件技术和深度学习算法在图像分类中的突破性进展，基于深度学习的目标检测算法成为主流。

5. 智慧城市

随着机器视觉技术的不断发展，基于机器视觉的智慧城市人流量的统计能够更好地服务群众，减少安全隐患，增加管理效率。例如，对于智慧城市公共场所的人流密度进行实时统计与跟踪得到了广泛的研究和应用，对特色景点和公园等人流密度较大的公共区域进行人数统计，准确地掌握当前区域的游客数量，有利于避免踩踏及偷窃等多种不良事件发生。

1.2 搭建开发环境

对于初学者，尤其是自学的情况下，搭建适合自己的开发环境是非常必要的。本节介绍如何搭建基于 PyTorch 1.9 的深度学习开发环境，包括安装 Python 3.10，以及 Jupyter Lab 等工具。

1.2.1 安装 Python 3.10

本书中使用的 Python 版本是截至 2021 年 10 月份的新版本（即 Python 3.10.0）。下面介绍其具体的安装步骤，安装环境是 Windows 11 家庭版 64 位操作系统。

> **注　意**
>
> Python 需要安装包到计算机磁盘根目录或英文路径文件夹下，即安装路径不能有中文。

步骤 01 首先需要下载 Python 3.10.0，官方网站的下载地址如图 1-3 所示。

图 1-3　下载 Python 软件

步骤 02 右击 python-3.10.0-amd64.exe，选择"以管理员身份运行"，如图 1-4 所示。

图 1-4　运行安装程序

步骤 03 打开 Python 3.10.0 安装界面，勾选 Add Python 3.10 to PATH，然后单击 Customize installation，如图 1-5 所示。

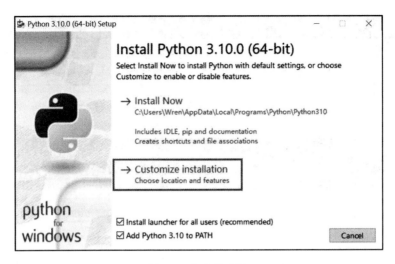

图 1-5　自定义安装

步骤 04 根据需要选择自定义的选项，其中 pip 必须勾选，然后单击 Next 按钮，如图 1-6 所示。

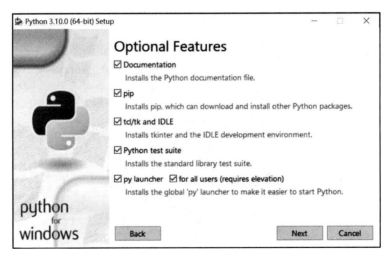

图 1-6　功能选项

步骤 05 选择软件安装位置，默认安装在 C 盘，单击 Browse 按钮可更改软件的安装目录，然后单击 Install 按钮，如图 1-7 所示。

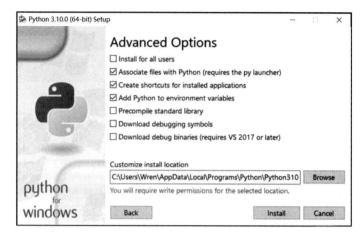

图 1-7　高级选项

步骤 06　稍等片刻，出现 Setup was successful 对话框，说明正常安装，单击 Close 按钮即可，如图 1-8 所示。

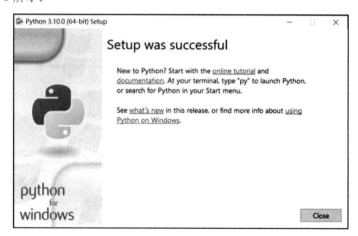

图 1-8　安装结束

步骤 07　在命令提示符中输入 "python" 后，如果出现如图 1-9 所示的信息，即 Python 版本信息，则说明安装没有问题，可以正常使用 Python。

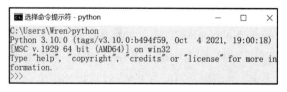

图 1-9　查看版本信息

步骤 08 在 Python 中可以使用 pip 与 conda 工具安装第三方库（如 NumPy、Pandas 等），命令如下：

```
pip install 库的名称
conda install 库的名称
```

步骤 09 此外，如果无法正常在线安装第三方库，可以下载新版本的离线文件，然后再安装，适用于 Python 扩展程序包的非官方 Windows 二进制文件如图 1-10 所示。

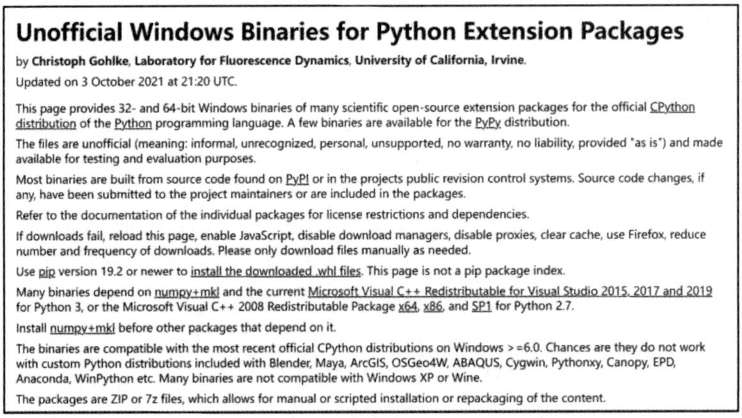

Unofficial Windows Binaries for Python Extension Packages

by **Christoph Gohlke**, Laboratory for Fluorescence Dynamics, University of California, Irvine.

Updated on 3 October 2021 at 21:20 UTC.

This page provides 32- and 64-bit Windows binaries of many scientific open-source extension packages for the official CPython distribution of the Python programming language. A few binaries are available for the PyPy distribution.

The files are unofficial (meaning: informal, unrecognized, personal, unsupported, no warranty, no liability, provided "as is") and made available for testing and evaluation purposes.

Most binaries are built from source code found on PyPI or in the projects public revision control systems. Source code changes, if any, have been submitted to the project maintainers or are included in the packages.

Refer to the documentation of the individual packages for license restrictions and dependencies.

If downloads fail, reload this page, enable JavaScript, disable download managers, disable proxies, clear cache, use Firefox, reduce number and frequency of downloads. Please only download files manually as needed.

Use pip version 19.2 or newer to install the downloaded .whl files. This page is not a pip package index.

Many binaries depend on numpy+mkl and the current Microsoft Visual C++ Redistributable for Visual Studio 2015, 2017 and 2019 for Python 3, or the Microsoft Visual C++ 2008 Redistributable Package x64, x86, and SP1 for Python 2.7.

Install numpy+mkl before other packages that depend on it.

The binaries are compatible with the most recent official CPython distributions on Windows >=6.0. Chances are they do not work with custom Python distributions included with Blender, Maya, ArcGIS, OSGeo4W, ABAQUS, Cygwin, Pythonxy, Canopy, EPD, Anaconda, WinPython etc. Many binaries are not compatible with Windows XP or Wine.

The packages are ZIP or 7z files, which allows for manual or scripted installation or repackaging of the content.

图 1-10　非官方扩展程序包

1.2.2　安装 Jupyter Lab

Jupyter Lab 是 Jupyter Notebook 的新一代产品，它集成了更多功能，是使用 Python（R、Julia、Node 等其他语言的内核）进行代码演示、数据分析、数据可视化等的很好的工具，对 Python 的愈加流行和在 AI 领域的领导地位有很大的推动作用，它是本书默认使用的代码开发工具。

Jupyter Lab 提供了较好的用户体验，例如可以同时在一个浏览器页面打开编辑多个 Notebook、IPython Console 和 Terminal 终端，并且支持预览和编辑更多种类的文件，如代码文件、Markdown 文档、JSON 文件和各种格式的图片等，可以极大地提升工作效率。

Jupyter Lab 的安装比较简单，只需要在命令提示符（CMD）中输入 "pip install jupyterlab" 命令即可，它会继承 Jupyter Notebook 的配置，如地址、端口、密码等。启动 Jupyter Lab 的方式也比较简单，只需要在命令提示符中输入 "jupyter lab" 命令即可。

Jupyter Lab 程序启动后，浏览器会自动打开编程窗口，如图 1-11 所示。可以看出，Jupyter Lab 左边是存放笔记本的工作路径，右边就是我们需要创建的笔记本类型，包括 Notebook

和 Console 等。

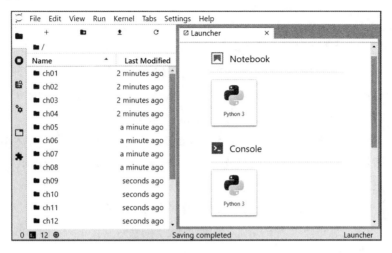

图 1-11　Jupyter Lab 界面

可以对 Jupyter Lab 的参数进行修改，如远程访问、工作路径等，配置文件位于 C 盘系统用户名下的。jupyter 文件夹中，文件名称为 jupyter_notebook_config.py。

如果配置文件不存在，就需要自行创建，在命令提示符中输入"Jupyter Notebook --generate-config"命令生成配置文件，还会显示出文件的存储路径及名称。

如果需要设置密码，则在命令提示符中输入"Jupyter Notebook password"命令，生成的密码存储在 jupyter_notebook_config.json 文件中。

如果需要允许远程登录，则需要在 jupyter_notebook_config.py 中找到下面的几行，取消注释并根据项目的实际情况进行修改，修改后的配置如下：

```
c.NotebookApp.ip = '*'
c.NotebookApp.open_browser = False
c.NotebookApp.port = 8888
```

如果需要修改 Jupyter Lab 的默认工作路径，找到下面的代码，取消注释并根据项目的实际情况进行修改，修改后的配置如下：

```
c.NotebookApp.notebook_dir = u'D:\\轻松学会 PyTorch 人工智能深度学习应用开发'
```

上述配置参数修改后，需要关闭并重新启动 Jupyter Lab 才能生效。

1.2.3　安装 PyTorch 1.10

2021 年 11 月初，PyTorch 团队发布了 1.10 版本，该版本整合了自 2021 年 10 月 1.9 版本发布以来的 3400 多次代码提交与完善，由 426 位贡献者完成。

PyTorch 1.10 集成了 CUDA Graphs API 以减少 CUDA 工作负载的 CPU 开销，支持 FX、torch.special 和 nn.ModuleParametrization 等几个前端 API。除了 GPU 外，JIT Compiler 中对自动融合的支持也扩展到 CPU，且已支持 Android NNAPI。

我们可以到 PyTorch 的官方网站（https://pytorch.org/）下载软件，有两种版本可以选择，分别为 CPU 版和 GPU 版，如果安装系统中有 NVIDIA GPU，或者有 AMD ROCm，那么推荐安装 GPU 版本，因为对于大数据量的计算，GPU 环境比 CPU 环境要快很多。

例如，求 N×N 维的二维矩阵的逆矩阵，当 N 很小时，在 CPU 和 GPU 两种环境下花费的时间差异不大，但是随着 N 的增加，GPU 环境下的耗时变化不大，而 CPU 环境下却呈现直线上升，如图 1-12 所示。

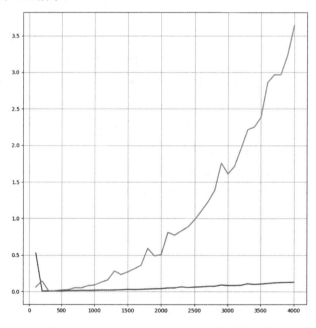

图 1-12　CPU 和 GPU 两种环境下的效率比较

1. 安装CPU版本

虽然在 CPU 环境下模型的训练非常缓慢，但是为了简化现场部署 PyTorch 模型，以及降低深度学习的学习门槛，以利于框架本身的推广，因此现在大部分厂家生产的笔记本都可以安装 PyTorch 深度学习框架。

PyTorch 可以安装在 Windows、Linux、Mac 等系统中，可以使用 Conda、Pip 等工具进行安装，可以运行在 Python、C++、Java 等语言环境下，如图 1-13 所示。

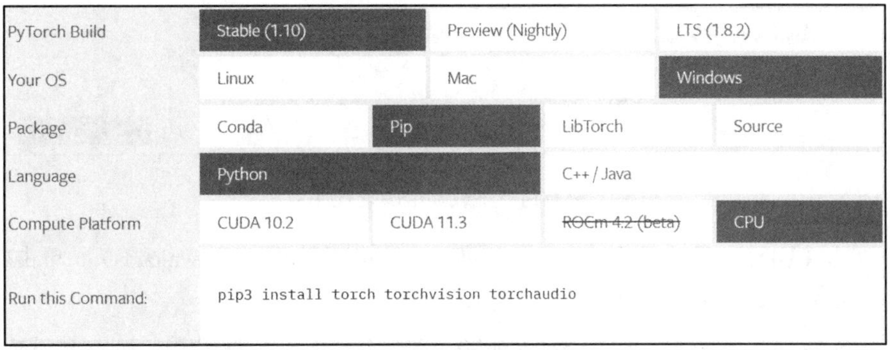

PyTorch Build	Stable (1.10)		Preview (Nightly)	LTS (1.8.2)
Your OS	Linux		Mac	Windows
Package	Conda	Pip	LibTorch	Source
Language	Python		C++ / Java	
Compute Platform	CUDA 10.2	CUDA 11.3	~~ROCm 4.2 (beta)~~	CPU
Run this Command:	pip3 install torch torchvision torchaudio			

图 1-13　下载 PyTorch

其中，使用 Pip 工具的安装命令如下：

```
pip3 install torch torchvision torchaudio
```

<table>
<tr><td align="center">注　意</td></tr>
<tr><td>由于 PyTorch 软件较大，如果网络环境不是很稳定，可以先到网站上下载对应版本的离线文件。</td></tr>
</table>

此外，在安装 PyTorch 时，很多基于 PyTorch 的工具集，如处理音频的 torchaudio、处理图像视频的 torchvision 等都有一定的版本限制。

2. 安装GPU版本

在安装 GPU 版本的 PyTorch 时，需要先到 NVIDIA 的官方网站查看系统中的显卡是否支持 CUDA，再依次安装显卡驱动程序、CUDA10 和 cuDNN，最后安装 PyTorch。

1）安装显卡驱动程序，到 NVIDIA 的官方网站（https://www.nvidia.com/drivers）下载系统中的显卡所对应的显卡驱动程序并进行安装，如图 1-14 所示。

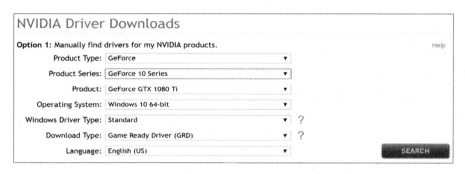

图 1-14　下载显卡驱动程序

2）安装 CUDA，登录网站（https://developer.nvidia.com/cuda-downloads），单击右下角的 Legacy Releases 按钮下载 CUDA，如图 1-15 所示。

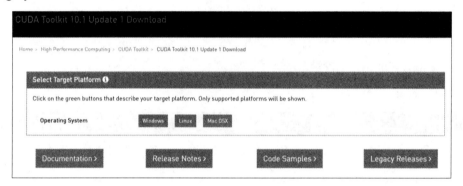

图 1-15　CUDA 下载页面

选择 CUDA Toolkit 10.0 版本，如图 1-16 所示。

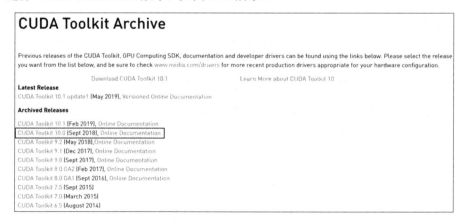

图 1-16　选择 CUDA 安装版本

选择 Windows 10 的安装包，下载并进行安装，如图 1-17 所示。

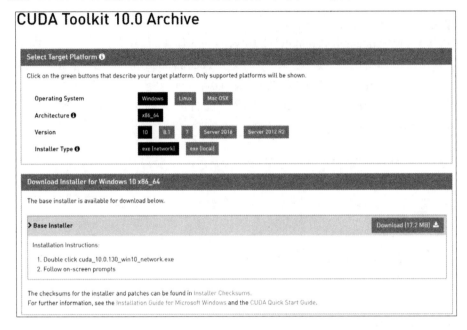

图 1-17　下载 CUDA 安装包

3）安装 cuDNN，登录网站（https://developer.nvidia.com/rdp/cudnn-download）下载 cuDNN for CUDA 10.0 Windows 10 版本，并进行解压缩，如图 1-18 所示。

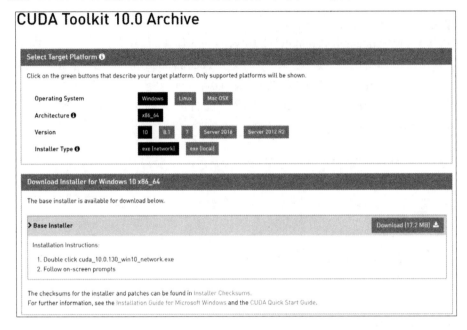

图 1-18　下载 cuDNN 安装包

接下来，从 cuDNN 的解压缩目录复制 3 个文件到 CUDA 的安装目录，步骤如下：

步骤01 把 <cuDNN 解压缩目录> 下的文件 \cuda\bin\cudnn64_7.dll 复制到 C:\Program Files\NVIDIA GPU Computing Toolkit\CUDA\v10.0\bin 目录下。

步骤02 把 <cuDNN 解压缩目录> 下的文件 \cuda\include\cudnn，h 复制到 C:\Program Files\NVIDIA GPU Computing Toolkit\CUDA\v10.0\include 目录下。

步骤03 把 <cuDNN 解压缩目录> 下的文件 \cuda\lib\x64\cudnn，lib 复制到 C:\Program Files\NVIDIA GPU Computing Toolkit\CUDA\v10.0\lib\x64 目录下。

4）安装 PyTorch GPU 版的软件包：

```
pip install torch==1.9.1+cu100 torchvision==0.10.1+cu102 torchaudio===
0.9.1 -f https://download.Pytorch.org/whl/torch_stable.html
```

1.3　PyTorch 应用场景

下面介绍 PyTorch 适合的应用场景。

1. 程序需要GPU加速计算

PyTorch 不仅能够实现强大的 GPU 加速的张量计算，同时还支持动态自动求导的深度神经网络，这一点是现在很多主流框架（如 TensorFlow）都不支持的。

2. 开发人员对Python熟悉

与任何深度学习库相比，PyTorch 更倾向于 Python，这是因为 PyTorch 相对容易理解，而且感觉更自然、更原生，与 Python 代码风格基本一致。

3. 良好的开发和调试体验

当前并没有完美的深度学习框架，因此从众多主流的深度学习框架中选择适合自身项目的框架并非易事。如果对于功能性需求不苛刻、追求良好的开发和调试体验，PyTorch 相对来说是比较合适的框架。

1.4　动手练习：每日最高温度预测

为了让广大读者更好地理解和认识深度学习以及 PyTorch 框架的实施，本节先介绍一个每日最高温度预测的例子，供后续学习参考。

1. 说明

本实例利用 PyTorch 中的神经网络模型，对北京市 2021 年 6 月份的气温进行建模，并将数据存储在 temps.csv 文件中，主要字段如表 1-2 所示。

表 1-2　数据集字段

字 段 名	说 明
year	年份
month	月份
day	日期
temp_2	前天的最高温度值
temp_1	昨天的最高温度值
average	三年这一天的平均最高温度
actual	当天的真实最高温度

2. 步骤

具体的实现步骤如下：

步骤01　导入 Python 中相关的第三方库，代码如下：

```
import torch
import numpy as np
import pandas as pd
import datetime
import matplotlib
import matplotlib.pyplot as plt
from matplotlib.pyplot import MultipleLocator
from sklearn import preprocessing
```

步骤02　读取本地离线文件数据源数据，代码如下：

```
features = pd.read_csv('./temps.csv')
```

```
labels = np.array(features['actual'])
features = features.drop('actual', axis=1)
feature_list = list(features.columns)
```

步骤 03 为了提升模型的准确率，首先需要对数据进行格式转换与标准化处理，代码如下：

```
features = np.array(features)
input_features =
preprocessing.StandardScaler().fit_transform(features)
```

步骤 04 设置神经网络模型的网络结构，代码如下：

```
input_size = input_features.shape[1]
hidden_size = 128
output_size = 1
batch_size = 16
my_nn = torch.nn.Sequential(
    torch.nn.Linear(input_size, hidden_size),
    torch.nn.Sigmoid(),
    torch.nn.Linear(hidden_size, output_size),
)
```

步骤 05 定义神经网络模型的损失函数与优化器，代码如下：

```
cost = torch.nn.MSELoss(reduction='mean')
optimizer = torch.optim.Adam(my_nn.parameters(), lr=0.001)
```

步骤 06 训练神经网络模型，代码如下：

```
losses = []
for i in range(500):
    batch_loss = []
    for start in range(0, len(input_features), batch_size):
        end = start + batch_size if start + batch_size < len(input_features) else len(input_features)
        xx = torch.tensor(input_features[start:end], dtype=torch.float, requires_grad=True)
        yy = torch.tensor(labels[start:end], dtype=torch.float, requires_grad=True)
        prediction = my_nn(xx)
```

```
loss = cost(prediction, yy)
optimizer.zero_grad()
loss.backward(retain_graph=True)
optimizer.step()
batch_loss.append(loss.data.numpy())

if i % 100 == 0:
    losses.append(np.mean(batch_loss))
    print(i, np.mean(batch_loss), batch_loss)

x = torch.tensor(input_features, dtype=torch.float)
predict = my_nn(x).data.numpy()
```

步骤 **07** 转换数据集中的日期格式，代码如下：

```
months = features[:, feature_list.index('month')]
days = features[:, feature_list.index('day')]
years = features[:, feature_list.index('year')]
dates = [str(int(year)) + '-' + str(int(month)) + '-' + str(int(day)) for
year, month, day in zip(years, months, days)]
dates = [datetime.datetime.strptime(date, '%Y-%m-%d') for date in dates]
true_data = pd.DataFrame(data={'date': dates, 'actual': labels})
test_dates = [str(int(year)) + '-' + str(int(month)) + '-' + str(int(day))
for year, month, day in zip(years, months, days)]
test_dates = [datetime.datetime.strptime(date, '%Y-%m-%d') for date in
test_dates]
predictions_data = pd.DataFrame(data={'date': test_dates, 'prediction':
predict.reshape(-1)})
```

步骤 **08** 使用 Matplotlib 库绘制日最高温度的散点图，代码如下：

```
matplotlib.rc("font", family='SimHei')
plt.figure(figsize=(12, 7), dpi=160)
plt.plot(true_data['date'], true_data['actual'], 'b+', label='真实值')
plt.plot(predictions_data['date'], predictions_data['prediction'],
'r+', label='预测值',marker='o')
plt.xticks(rotation='30',size=15)
plt.ylim(0,50)
plt.yticks(size=15)
```

```
x_major_locator=MultipleLocator(3)
y_major_locator=MultipleLocator(5)
ax=plt.gca()
ax.xaxis.set_major_locator(x_major_locator)
ax.yaxis.set_major_locator(y_major_locator)
plt.legend(fontsize=15)

plt.ylabel('日最高温度',size=15)
plt.show()
```

3. 小结

本实例使用 PyTorch 中的神经网络模型，通过绘制散点图的方式对 2021 年 6 月份北京市的日最高温度进行预测。

运行上述每日温度预测模型的代码，输出真实值和预测值的散点图，如图 1-19 所示。

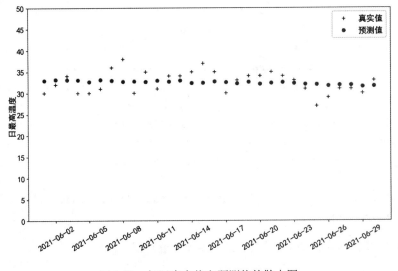

图 1-19　气温真实值和预测值的散点图

1.5　练习题

练习 1：尝试搭建新版本 PyTorch 的 CPU 和 GPU 深度学习环境。

练习 2：利用 PyTorch 神经网络模型预测本地区未来一周的最高温度。

第 2 章

PyTorch 与数学基础

机器学习和深度学习的学习和应用过程需要一定的数学知识,这就要求学习者掌握一定的数学知识,虽然说大多数知识已经在学校的数学课程中学习过,但是本章还是做一个简单的梳理和总结,以方便本书后续知识的学习。

2.1　PyTorch 中的函数

函数是数学中重要的概念,纵观 300 年来函数的发展,众多数学家从几何、代数,直至对应、集合的角度不断赋予函数概念以新的思想,从而推动了整个数学的发展。本节介绍函数的基础知识和 PyTorch 中的主要函数及其案例。

2.1.1　函数基础知识

函数在数学中是两个不为空的集合间的一种对应关系。下面首先介绍集合的概念。

1. 集合

一般我们把研究对象统称为元素,把一些元素组成的总体叫集合(简称集),集合具有确定性(即给定集合中的元素必须是确定的)和互异性(即给定集合中的元素是互不相同的)。例如"身材较高的人"不能构成集合,因为其元素不是确定的。

通常,用大字拉丁字母 A、B、C、……表示集合,用小写拉丁字母 a、b、c、……表示集合中的元素，如果 a 是集合 A 中的元素，就说 a 属于 A，记作：$a \in A$。

在观察某一现象的过程时，常常会遇到各种不同的量，其中有的量在过程中不会变化，我们称其为常量；有的量在过程中是变化的，也就是可以取不同的数值，则称其为变量。

如果变量的变化是连续的，则常用区间来表示其变化范围，在数轴上来说，区间是指介于某两点之间的线段上点的全体。区间主要有如下 7 种类型：

- (a, b)：表示大于 a、小于 b 的实数全体，也可记为：$a < x < b$。
- $[a, b)$：表示大于等于 a、小于 b 的实数全体，也可记为：$a \leqslant x < b$。
- $(a, b]$：表示大于 a、小于等于 b 的实数全体，也可记为：$a < x \leqslant b$。
- $[a, b]$：表示大于等于 a、小于等于 b 的实数全体，也可记为：$a \leqslant x \leqslant b$。
- $[a, +\infty)$：表示不小于 a 的实数的全体，也可记为：$a \leqslant x < +\infty$。
- $(-\infty, b)$：表示小于 b 的实数的全体，也可记为：$-\infty < x < b$。
- $(-\infty, +\infty)$：表示全体实数，也可记为：$-\infty < x < +\infty$。

2. 函数

设 D 与 B 是两个非空实数集，如果存在一个对应规则 f，使得对 D 中任何一个实数 x，在 B 中都有唯一确定的实数 y 与 x 对应，则对应规则 f 称为在 D 上的函数，记为：

$$f: x \to y \ \text{或} \ f: D \to B$$

y 称为 x 对应的函数值，记为：

$$y = f(x), \ x \in D$$

其中，x 称为自变量，y 称为因变量。

由函数定义可以看出，函数是一种对应规则，在函数 $y = f(x)$ 中，f 表示对应规则，$f(x)$ 是对应自变量 x 的函数值。但在研究函数时，这种对应关系总是通过函数值的形式表现出来的，所以习惯上常把在 x 处的函数值 y 称为函数，并用 $y = f(x)$ 的形式表示 y 是 x 的函数，但是应正确理解，函数的本质是指对应规则 f。

函数 $y = f(x)$ 的定义域 D 是自变量 x 的取值范围，而函数值 y 又是由对应规则 f 来确定的，所以函数实质上是由其定义域 D 和对应规则 f 所确定的。因此，通常称函数的定义域和对应规则为函数的两个要素。也就是说，只要两个函数的定义域相同，对应规则也相同，就称这两个函数为相同的函数，与变量用什么符号表示无关，如 $y = |x|$ 与 $z = \sqrt{v^2}$，就是相同的函数。

掌握函数的基本性质对于解决相关问题很有帮助，函数通常具有奇偶性、单调性、有界性、周期性等特性。

（1）奇偶性

设函数 $y = f(x)$ 的定义域 D 关于原点对称，若对任意 $x \in D$ 满足 $f(-x) = f(x)$，则称 $f(x)$ 是 D 上的偶函数；若对任意 $x \in D$ 满足 $f(-x) = -f(x)$，则称 $f(x)$ 是 D 上的奇函数。

偶函数的图形关于 y 轴对称，奇函数的图形关于原点对称。

（2）单调性

若对任意 $x_1, x_2 \in (a, b)$，当 $x_1 < x_2$ 时，有 $f(x_1) < f(x_2)$，则称函数 $y = f(x)$ 是区间 (a, b) 上的单调增加函数；当 $x_1 < x_2$ 时，有 $f(x_1) > f(x_2)$，则称函数 $y = f(x)$ 是区间 (a, b) 上的单调减少函数，单调增加函数和单调减少函数统称为单调函数。若函数 $y = f(x)$ 是区间 (a, b) 上的单调函数，则称区间 (a, b) 为单调区间。

单调增加的函数图像表现为从左向右是单调上升的曲线，单调下降的函数图像表现为从左向右是单调下降的曲线。

（3）有界性

如果存在 $M > 0$，使对于任意 $x \in D$ 满足 $|f(x)| \leqslant M$，则称函数 $y = f(x)$ 是有界的，图像在直线 $y = -M$ 与 $y = M$ 之间。

例如，函数 $\sin x$、$\cos x$、$\arcsin x$、$\arccos x$、$\arctan x$、$\text{arccot} x$ 等都是常见的有界函数。

（4）周期性

如果存在常数 T，使对于任意 $x \in D, x + T \in D$，有 $f(x + T) = f(x)$，则称函数 $y = f(x)$ 是周期函数，通常所说的周期函数的周期是指它的最小周期。

对于周期性函数，在每一个周期内的图像是相同的。

3. 极限

当自变量无限增大或自变量无限接近某一定点时，函数值无限接近某一常数 A，这时就叫作函数存在极值。

（1）自变量趋向无穷大时函数的极限

设函数 $y = f(x)$，若对于任意给定的正数 ε（不论其多么小），总存在着正数 X，使得对于适合不等式 $|x| > X$ 的一切 x，所对应的函数值 $f(x)$ 都满足不等式 $|f(x) - A| < \varepsilon$，那么常数 A 就叫作函数 $y = f(x)$ 当 x→∞ 时的极限，记作：$\lim_{x \to \infty} f(x) = A$。

函数极限的运算规则：若已知 $x \to x_0$（或 $x \to \infty$），$f(x) \to A$，$g(x) \to B$，那么：

$$\lim_{x \to x_0} \big(f(x) + g(x)\big) = A + B$$

$$\lim_{x \to x_0} f(x) \cdot g(x) = A \cdot B$$

$$\lim_{x \to x_0} \frac{f(x)}{g(x)} = \frac{A}{B} (B \text{ 不为 } 0)$$

$$\lim_{x \to x_0} k \cdot f(x) = k \cdot A (k \text{ 为常数})$$

$$\lim_{x \to x_0} [f(x)]^m = A^m (m \text{ 为正整数})$$

在计算复杂函数的极限时，可以利用上述的运算规则把一个复杂的函数转化为若干个简单的函数来求极限。

（2）无穷小量与无穷大量

在自变量的某个变化过程中，以零为极限的变量称为该极限过程中的无穷小量，简称无穷小。例如，如果 $\lim\limits_{x \to x_0} f(x) = 0$，当 $x \to x_0$ 时，$f(x)$ 是无穷小量。一般说来，无穷小表达的是变量的变化状态，而不是变量的大小，一个变量无论多么小，都不能是无穷小量，数值 0 是唯一可以作为无穷小的常数。

在自变量的某个变化过程中，绝对值可以无限增大的变量称为这个变化过程中的无穷大量，简称无穷大，无穷大量是极限不存在的一种情形。例如，如果 $\lim\limits_{x \to x_0} f(x) = \infty$，当 $x \to x_0$ 时，$f(x)$ 是无穷大量。

在自变量的变化过程中，无穷大量的倒数是无穷小量，不为零的无穷小量的倒数是无穷大量。

2.1.2 PyTorch 中的主要函数

PyTorch 中的常用函数有创建张量函数、随机抽样函数、索引函数、切片函数、连接函数、数学运算函数、逐点操作函数、比较操作函数等类型。

下面将以随机抽样函数为例进行介绍。在 PyTorch 中，共有 5 种随机抽样函数。

1. torch.seed()

用于生成不确定的随机数，返回一个 64 位的数值。

参数：无。

例如，生成一个 64 位的随机数，代码如下：

```
torch.seed()
```

输出如下：

```
105502436695500
```

2. torch.manual_seed(seed)

设定生成随机数的种子，并返回一个 torch.Generator 对象。

参数：种子 seed 为 int 类型或 long 类型。

例如，为了确保生成的随机数都是固定的，可以使用 torch.manual_seed()函数，代码如下：

```
torch.manual_seed(1)
```

输出如下：

```
<torch._C.Generator at 0x179345f5bd0>
```

3. torch.initial_seed()

返回生成随机数的原始种子值。

例如，生成一个原始种子，代码如下：

```
torch.initial_seed()
```

输出如下：

```
12
```

4. torch.get_rng_state()

返回随机生成器状态（Byte Tensor）。

例如，生成一个随机生成器状态，代码如下：

```
torch.get_rng_state()
```

输出如下：

```
tensor([12,  0,  0,  ...,  0,  0,  0], dtype=torch.uint8)
```

5. torch.set_rng_state(new_state)

设定随机生成器状态。

参数：new_state 是期望的状态。

例如，设定一个随机生成器状态，代码如下：

```
rng_state1 = torch.get_rng_state()
print(rng_state1)
```

```
torch.set_rng_state(rng_state1*2)
rng_state2 = torch.get_rng_state()
print(rng_state2)
```

输出如下：

```
tensor([12, 0, 0, ..., 0, 0, 0], dtype=torch.uint8)
tensor([24, 0, 0, ..., 0, 0, 0], dtype=torch.uint8)
```

2.2 微分基础

微分是数学中的一个重要概念，它是对函数的局部变化率的一种线性描述。本节介绍微分的概念，以及 PyTorch 中的自动微分技术及其案例。

2.2.1 微分及其公式

1. 微分基础

如果函数 $y = f(x)$ 在点 x 处的改变量 $\Delta y = f(x + \Delta x) - f(x)$，可以表示为：

$$\Delta y = A\Delta x + o(\Delta x)$$

其中，$o(\Delta x)$ 是比 $\Delta x(\Delta x \to 0)$ 高阶的无穷小，则称函数 $y = f(x)$ 在点 x 处可微，称 $A\Delta x$ 为 Δy 的线性主部，又称 $A\Delta x$ 为函数 $y = f(x)$ 在点 x 处的微分，记为 dy 或 $df(x)$，即 $dy = A\Delta x$。

基本初等函数的求导公式及微分公式如表 2-1 所示。

表 2-1　求导与微分公式

求导公式		微分公式	
基本初等函数求导公式	$c' = 0 (c$ 为常数$)$	基本初等函数微分公式	$dc = 0 (c$ 为常数$)$
	$(x^\mu)' = \mu x^{\mu-1} (\mu$ 为实数$)$		$d(x^\mu) = \mu x^{\mu-1} dx (\mu$ 为实数$)$
	$(a^x)' = a^x \ln a$		$d(a^x) = a^x \ln a\, dx$
	$(e^x)' = e^x$		$d(e^x) = e^x dx$
	$(\log_a x)' = \dfrac{1}{x \ln a}$		$d(\log_a x) = \dfrac{1}{x \ln a} dx$
	$(\ln x)' = \dfrac{1}{x}$		$d(\ln x) = \dfrac{1}{x} dx$

（续表）

求导公式		微分公式	
基本初等函数求导公式	$(\sin x)' = \cos x$	基本初等函数微分公式	$d(\sin x) = \cos x\, dx$
	$(\cos x)' = -\sin x$		$d(\cos x) = -\sin x\, dx$
	$\lim\limits_{x \to x_0} g(x) = 0$		$d(\tan x) = \sec^2 x\, dx$
	$(\cot x)' = -\csc^2 x$		$d(\cot x) = -\csc^2 x\, dx$
	$(\sec x)' = \sec x \tan x$		$d(\sec x) = \sec x \tan x\, dx$
	$(\csc x)' = -\csc x \cot x$		$d(\csc x) = -\csc x \cot x\, dx$
	$(\arcsin x)' = \dfrac{1}{\sqrt{1-x^2}}$		$d(\arcsin x) = \dfrac{1}{\sqrt{1-x^2}}dx$
	$(\arccos x)' = -\dfrac{1}{\sqrt{1-x^2}}$		$d(\arccos x) = -\dfrac{1}{\sqrt{1-x^2}}dx$
	$(\arctan x)' = \dfrac{1}{1+x^2}$		$d(\arctan x) = \dfrac{1}{1+x^2}dx$
	$(\text{arc}\cot x)' = -\dfrac{1}{1+x^2}$		$d(\text{arc}\cot x) = -\dfrac{1}{1+x^2}dx$

对于一般形式的函数，求导与微分法则如表 2-2 所示。

表 2-2　求导与微分法则表

求导法则		微分法则	
函数的四则运算求导法则	$[u(x) \pm v(x)]' = u'(x) \pm v'(x)$	函数的四则运算微分法则	$d[u(x) \pm v(x)] = du(x) \pm dv(x)$
	$[u(x)v(x)]' = u'(x)v(x) + u(x)v'(x)$ $[c \cdot u(x)]' = c \cdot u'(x)$（$c$为常数）		$d[u(x)v(x)] = v(x)du(x) + u(x)dv(x)$ $d[cu(x)] = cdu(x)$（c 为常数）
	$\left[\dfrac{u(x)}{v(x)}\right]' = \dfrac{u'(x)v(x) - u(x)v'(x)}{v^2(x)}$ $(v(x) \neq 0)$		$d\left[\dfrac{u(x)}{v(x)}\right] = \dfrac{v(x)du(x) - u(x)dv(x)}{v^2(x)}$ $(v(x) \neq 0)$
	$\left[\dfrac{1}{v(x)}\right]' = -\dfrac{v'(x)}{v^2(x)}$　$(v(x) \neq 0)$		$d\left[\dfrac{1}{v(x)}\right] = -\dfrac{dv(x)}{v^2(x)}(v(x) \neq 0)$
复合函数求导法则	设 $y = f(u)$，$u = \phi(x)$，则复合函数 $y = f[\phi(x)]$ 的导数为： $\dfrac{dy}{dx} = \dfrac{dy}{du} \cdot \dfrac{du}{dx}$	复合函数微分法则	设函数 $y = f(u)$，$u = \phi(x)$，则函数 $y = f(u)$ 的微分为 $dy = f'(u)du$，此式又称为一阶微分形式不变性

2. 函数的极值与最值

设函数 $f(x)$ 在点 x_0 的某邻域内有定义，如果对于该邻域内任一点 $x(x \neq x_0)$，都有 $f(x) < f(x_0)$，则称 $f(x_0)$ 是函数 $f(x)$ 的极大值；如果对于该邻域内任一点 $x(x \neq x_0)$，都有

$f(x) > f(x_0)$，则称$f(x_0)$是函数$f(x)$的极小值。函数的极大值与极小值统称为函数的极值，使函数取得极值的点x_0称为函数$f(x)$的极值点。

单变量函数的极值问题较为简单，那么它的极值可能是函数的边界点或驻点。使$f'(x) = 0$（即一阶导数为 0）的点x称为函数$f(x)$的驻点。

对于多变量函数的极值，与单变量函数类似，极值点只能在函数不可导的点或导数为零的点上取得，如图 2-1 所示。

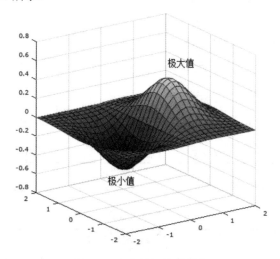

图 2-1　多变量函数的极值

此外，对于最值问题，在闭区间上连续函数一定存在最大值和最小值。连续函数在闭区间上的最大值和最小值只可能在区间内的驻点、不可导点或闭区间的端点处取得。

2.2.2　PyTorch 自动微分

几乎所有机器学习算法在训练或预测时都归结为求解最优化问题，如果目标函数可导，那么问题变为训练函数的驻点（即一阶导数等于零的点）。自动微分也称自动求导，算法能够计算可导函数在某点处的导数值，是反向传播算法的一般化。

自动微分技术在深度学习库中处于重要地位，是整个训练算法的核心组件之一。深度学习模型的训练就是不断更新权值，权值的更新需要求解梯度，求解梯度十分烦琐，PyTorch 提供自动求导系统，我们只要搭建好前向传播的计算图，就能获得所有张量的梯度。

PyTorch 中自动求导模块中的相关函数有 torch.autograd.backward()和 torch.autograd.grad()。下面逐一进行介绍。

1. torch.autograd.backward()

该函数实现自动求取梯度，函数参数如下所示：

```
torch.autograd.backward(tensors,
                        grad_tensors=None,
                        retain_graph=None,
                        create_graph=False)
```

参数说明：

- Tensors：用于求导的张量，如loss。
- retain_graph：保存计算图，由于PyTorch采用动态图机制，在每次反向传播之后计算图都会释放掉，如果还想继续使用，就要设置此参数为True。
- create_graph：创建导数计算图，用于高阶求导。
- grad_tensors：多梯度权重，当有多个loss需要计算梯度时，需要设置每个loss的权值。

例如，线性的一阶导数的代码如下：

```
import torch

w = torch.tensor([1.], requires_grad=True)
x = torch.tensor([2.], requires_grad=True)
a = torch.add(x, w)
b = torch.add(w, 1)
y = torch.mul(a, b)

y.backward()
print(w.grad)
```

输出如下：

```
tensor([5.])
```

下面通过案例介绍 grad_tensors 参数的用法。

```
import torch

w = torch.tensor([1.], requires_grad=True)
x = torch.tensor([2.], requires_grad=True)
a = torch.add(x, w)
b = torch.add(w, 1)
y0 = torch.mul(a, b)
y1 = torch.add(a, b)
```

```
loss = torch.cat([y0, y1], dim=0)
grad_t = torch.tensor([1., 2.])
loss.backward(gradient=grad_t)
print(w.grad)
```

输出如下：

```
tensor([9.])
```

其中：

$$y_0 = (x + w) \times (w + 1), \quad \frac{\partial y_0}{\partial w} = 5$$

$$y_1 = (x + w) \times (w + 1), \quad \frac{\partial y_0}{\partial w} = 2$$

$$w.\,\mathrm{grad} = y_0 \times 1 + y_1 \times 2 = 5 + 2 \times 2 = 9$$

2. torch.autograd.grad()

该函数实现求取梯度，函数参数如下：

```
torch.autograd.grad(outputs,
                    inputs,
                    grad_outputs=None,
                    retain_graph=None,
                    create_graph=False)
```

参数说明：

- outputs：用于求导的张量，如上例中的loss。
- inputs：需要梯度的张量，如上例中的w。
- create_graph：创建导数计算图，用于高阶求导。
- retain_graph：保存计算图。
- grad_outputs：多梯度权重。

例如，计算 $y = x^2$ 的二阶导数的代码如下：

```
import torch

x = torch.tensor([3.], requires_grad=True)
y = torch.pow(x, 2)
grad1 = torch.autograd.grad(y, x, create_graph=True)
```

```
print(grad1)
grad2 = torch.autograd.grad(grad1[0], x)
print(grad2)
```

输出如下：

```
(tensor([6.], grad_fn=<MulBackward0>),)
(tensor([2.]),)
```

3. 注意事项

1）梯度不能自动清零，在每次反向传播中会叠加，代码如下：

```
w = torch.tensor([1.], requires_grad=True)
x = torch.tensor([2.], requires_grad=True)
for i in range(3):
    a = torch.add(x, w)
    b = torch.add(w, 1)
    y = torch.mul(a, b)
    y.backward()
    print(w.grad)
```

输出如下：

```
tensor([5.])
tensor([10.])
tensor([15.])
```

这会导致我们得不到正确的结果，所以需要手动清零，代码如下：

```
w = torch.tensor([1.], requires_grad=True)
x = torch.tensor([2.], requires_grad=True)
for i in range(3):
    a = torch.add(x, w)
    b = torch.add(w, 1)
    y = torch.mul(a, b)
    y.backward()
    print(w.grad)
    w.grad.zero_()    # 梯度清零
```

输出如下：

```
tensor([5.])
```

```
tensor([5.])
tensor([5.])
```

2）依赖于叶子节点的节点，requires_grad 默认为 True，代码如下：

```
w = torch.tensor([1.], requires_grad=True)
x = torch.tensor([2.], requires_grad=True)
a = torch.add(x, w)
b = torch.add(w, 1)
y = torch.mul(a, b)
print(a.requires_grad, b.requires_grad, y.requires_grad)
```

输出如下：

```
True True True
```

3）叶子节点不可以执行 in-place，因为前向传播记录了叶子节点的地址，反向传播需要用到叶子节点的数据时，要根据地址寻找数据，执行 in-place 操作改变了地址中的数据，梯度求解也会发生错误，代码如下：

```
w = torch.tensor([1.], requires_grad=True)
x = torch.tensor([2.], requires_grad=True)
a = torch.add(x, w)
b = torch.add(w, 1)
y = torch.mul(a, b)
w.add_(1)
```

输出如下：

```
RuntimeError: a leaf Variable that requires grad has been used in an in-place
operation.
```

in-place 操作即原位操作，在原始内存中改变这个数据，代码如下：

```
a = torch.tensor([1])
print(id(a), a)
#开辟新的内存地址
a = a + torch.tensor([1])
print(id(a), a)
#in-place 操作，地址不变
a += torch.tensor([1])
print(id(a), a)
```

输出如下：

```
2638883967360 tensor([1])
2638883954112 tensor([2])
2638883954112 tensor([3])
```

2.3　数理统计基础

数理统计是数学的一个分支，它以概率论为基础，研究大量随机现象的统计规律性。本节介绍数理统计基础知识，以及 PyTorch 中的主要统计函数及其案例。

2.3.1　数理统计及其指标

概率论与数理统计是从数量化的角度来研究现实世界中一类不确定现象（随机现象）规律性的一门应用数学学科。下面分别介绍概率论与数理统计的基础知识。

1. 概念论基础

（1）必然现象与随机现象

在生活和工作中，人们会观察到各种各样的现象，归纳起来，分为两大类：

一类是可预言其结果的，即在保持条件不变的情况下，重复进行试验，其结果总是确定的，必然发生。这类现象称为必然现象或确定性现象。

另一类是事前不可预言其结果的，即在保持条件不变的情况下，重复进行试验，其结果未必相同。这类在个别试验中其结果呈现偶然性、不确定性的现象，称为随机现象或不确定性现象。

（2）概率

研究随机试验，仅知道可能发生哪些随机事件是不够的，还需要了解各种随机事件发生的可能性大小，以揭示这些事件内在的统计规律性。

这就要求有一个能够衡量事件发生可能性大小的数量指标，这个指标应该是事件本身所固有的，且不随人的主观意志而改变，称之为概率。事件 A 的概率记为 $P(A)$。

（3）统计概率

在相同条件下进行 n 次重复试验，如果随机事件 A 发生的次数为 m，那么 m/n 称为随机事件 A 的频率；当试验重复数 n 逐渐增大时，随机事件 A 的频率越来越稳定地接近某一

数值 p，那么就把 p 称为随机事件 A 的概率。这样定义的概率称为统计概率。

（4）正态分布

若连续型随机变量 x 的概率密度函数为：

$$f(x) = \frac{1}{\sigma\sqrt{2\pi}} e^{-\frac{(x-\mu)^2}{2\sigma^2}}$$

其中 μ 为平均数，σ^2 为方差，则称随机变量 x 服从正态分布，记为 $x\sim N(\mu,\sigma^2)$。相应的概率分布函数为：

$$F(x) = \frac{1}{\sigma\sqrt{2\pi}} \int_{-\infty}^{x} e^{-\frac{(x-\mu)^2}{2\sigma^2}} dx$$

（5）标准正态分布

称 $\mu=0$，$\sigma^2=1$ 的正态分布为标准正态分布，标准正态分布的概率密度函数及分布函数为：

$$\phi(u) = \frac{1}{\sqrt{2\pi}} e^{-\frac{u^2}{2}}$$

$$\varphi(u) = \frac{1}{\sqrt{2\pi}} \int_{-\infty}^{u} e^{-\frac{1}{2}u^2} du$$

（6）卡方分布

若 n 个相互独立的随机变量 X_1，X_2，$\cdots$，X_n 均服从标准正态分布（也称独立同分布于标准正态分布），则这 n 个服从标准正态分布的随机变量的平方和构成一新的随机变量，其分布规律称为卡方分布。

$$X^2 = X_1^2 + X_2^2 + \cdots + X_n^2$$

（7）T 分布

T 分布用于根据小样本来估计呈正态分布且方差未知的总体的均值。设随机变量 X 服从标准正态分布，变量 Y 服从卡方分布且独立，则称：

$$T = X/\sqrt{Y/n}$$

为自由度为 n 的 t 分布。

（8）F 分布

设 X 和 Y 分别服从自由度为 n_1 和 n_2 的卡方分布，则称统计量 F 服从 F 分布。

自由度（df）指的是计算某一统计量时，取值不受限制的变量个数，通常 df=$n-k$，其中

n 为样本数量，k 为被限制的条件数或变量个数。

$$F = \frac{X/n_1}{Y/n_2}$$

（9）显著性水平

抽样指标值随着样本的变动而变动，因而抽样指标和总体指标的误差仍然是一个随机变量，不能保证误差不超过一定范围的这件事是必然的，而只能给以一定程度的概率保证（置信度）。

对于总体的被估计指标 X，找出样本的两个估计量 x_1 和 x_2，使被估计指标 X 落在区间（x_1, x_2）内的概率 $1-\alpha$，（$0<\alpha<1$）为已知的。我们称区间（x_1, x_2）为总体指标 X 的置信区间，其估计置信度为 $1-\alpha$，称 α 为显著性水平，x_1 是置信下限，x_2 是置信上限。

2. 数理统计指标

（1）平均值

平均值（均值）是集中趋势中最常用、最重要的测度值，根据数据的表现形式不同，平均值有简单平均值和加权平均值两种。

简单平均值是将总体各单位每一个值加总得到的总量除以单位总量而求出的平均指标，其计算公式如下：

$$\overline{X} = \frac{X_1 + X_2 + \cdots + X_n}{n} = \frac{\sum X}{n}$$

简单平均值适用于总体单位数较少的未分组数据。如果所给的资料是已经分组的数据，则平均值的计算应采用加权平均值的形式。

加权平均值是首先用各组的值乘以相应的各组单位数求出各组总量，并加总求得总体总量，而后再将总体总量和总体单位总量对比，其计算公式如下：

$$\overline{X} = \frac{f_1 X_1 + f_2 X_2 + \cdots + f_n X_n}{f_1 + f_2 + \cdots + f_n} = \frac{\sum f X}{\sum f}$$

其中 f 表示各组的单位数，或者说是频数或权数。

例如，某企业第一次进货量为 100 吨，单价为 1.5 元；第二次进货量为 120 吨，单价为 1.4 元；第三次进货量为 150 吨，单价为 1.2 元。三次进货单价的平均值计算如下：

简单平均值：（1.5+1.4+1.2）/ 3= 1.37（元）。

加权平均值：（100×1.5+120×1.4+150×1.2）/（100+120+150）= 1.35（元）。

（2）中位数

中位数是将总体单位某一变量的各个变量值按大小顺序排列，处在数列中间位置的那个变量值就是中位数。

将各变量值按大小顺序排序后，首先确定中位数的位置，可用公式$(n+1)/2$确定，n代表总体单位的项数；然后根据中点位置确定中位数。有两种情况：当n为奇数项时，则中位数就是居于中间位置的那个变量值；当n为偶数项时，则中位数是位于中间位置的两个变量值的平均数。

例如，序列 3、1、2、5、4 的中位数是 3，而序列 3、1、2、4 的中位数是 2.5。

（3）众数

众数是总体中出现次数最多的值，即最普遍、最常见的值。众数只有在总体单位较多而又有明确的集中趋势的资料中才有意义。在单项数列中，出现最多的那个组的值就是众数。若在数列中有两组的次数是相同的，且次数最多，则就是双众数。

例如，序列 9、18、15、7、4、6、9、9、6 的众数是 9。

（4）百分位数

如果将一组数据排序，并计算相应的累计百分位，则某一百分位所对应数据的值就称为这一百分位的百分位数。常用的有四分位数，指的是将数据分为 4 等份，分别位于 25%、50%和 75%处的分位数。百分位数的优点是不受极端值的影响，但是不能用于定类数据。

例如，序列 9、1、5、7、4、6、8、3、2、10 的 25%百分位数是 2.5，50%百分位数是 5。

（5）方差与标准差

方差是总体各单位变量值与其平均数的离差平方的平均数，用σ^2表示，方差的平方根是标准差σ。与方差不同的是，标准差是具有量纲（即单位）的，它与变量值的计量单位相同，其实际意义要比方差清楚。因此，在对社会经济现象进行分析时，往往更多地使用标准差。

根据数据不同，方差和标准差的计算有两种形式：简单平均式和加权平均式。

在数据未分组的情况下，采用简单平均式，公式如下：

$$\sigma^2 = \frac{\sum(X-\overline{X})^2}{n}, \ \ \sigma = \sqrt{\frac{\sum(X-\overline{X})^2}{n}}$$

例如，序列 1、2、3、4、5、6、7、8、9、10 的方差为 8.25，标准差为 2.87。

在数据分组的情况下，采用加权平均式，公式如下：

$$\sigma^2 = \frac{\sum f(X-\overline{X})^2}{\sum f}, \ \ \sigma = \sqrt{\frac{\sum f(X-\overline{X})^2}{\sum f}}$$

例如，某企业第一次进货量为 100 吨，单价为 1.5 元；第二次进货量为 120 吨，单价为 1.4 元；第三次进货量为 150 吨，单价为 1.2 元。三次进货单价的方差为 0.016426426，标准差为 0.128165621。

（6）极差

极差又称全距或范围，它是总体单位中最大变量值与最小变量值之差，即两极之差，以 R 表示。根据全距的大小来说明变量值变动范围的大小，公式如下：

$$R = X_{\max} - X_{\min}$$

极差只是利用了一组数据两端的信息，不能反映出中间数据的分散状况，因而不能准确描述出数据的分散程度，且易受极端值的影响。

（7）最大值

顾名思义，最大值即样本数据中取值最大的数据。

（8）最小值

即样本数据中取值最小的数据。

（9）变异系数

变异系数是将标准差与其平均数对比所得的比值，又称离散系数，公式如下：

$$V_\sigma = \frac{\sigma}{\overline{X}}$$

变异系数是衡量数据中各观测值变异程度的统计量。当进行两个或多个资料变异程度的比较时，如果平均数相同，则可以直接利用标准差来比较。如果平均数不同，则比较其变异程度不能采用标准差，而需要采用标准差与平均数的比值（相对值）来比较。

（10）偏度

偏度是对分布偏斜方向及程度的测度。测量偏斜的程度需要计算偏态。常用三阶中心矩除以标准差的三次方，表示数据分布的相对偏斜程度。其计算公式如下：

$$a_3 = \frac{\sum f(X-\overline{X})^3}{\sigma^3 \sum f}$$

在公式中，a_3 为正，表示分布为右偏；a_3 为负，表示分布为左偏。

（11）峰度

峰度是频数分布曲线与正态分布相比较，顶端的尖峭程度。统计上常用四阶中心矩测定峰度，其计算公式如下：

$$a_4 = \frac{\sum f(X - \overline{X})^4}{\sigma^4 \sum f}$$

当 a_4=3 时，分布曲线为正态分布。

当 a_4<3 时，分布曲线为平峰分布。

当 a_4>3 时，分布曲线为尖峰分布。

（12）Z 标准化得分

Z 标准化得分是某一数据与平均数的距离以标准差为单位的测量值。其计算公式如下：

$$Z_i = \frac{X_i - \overline{X}}{\sigma}$$

在公式中，Z_i 即为 X_i 的 Z 标准化得分。Z 标准化的绝对值越大，说明它离平均数越远。标准化后的数值能表明各原始数据在一组数据分布中的相对位置，而且还能在不同分布的各组原始数据间进行比较。因此，标准化值在统计分析中起着十分重要的作用。

2.3.2　PyTorch 统计函数

PyTorch 与其他统计软件一样，也内置了丰富的统计函数。下面结合案例重点介绍求和、求均值、求方差、求标准差、求中位数等一些常用的统计函数。

1．所有元素的积

torch.prob()函数返回所有元素的积，用法如下：

```
torch.prob(input, dtype=None)
```

设置参数 input，代码如下：

```
print(torch.prod(a))
```

输出如下：

```
tensor(0.0039)
```

2. 求和

torch.sum()函数对输入的 tensor 数据的某一维度求和，一共有两种用法，代码如下：

```
torch.sum(input, dtype=None)
torch.sum(input, dim, keepdim=False, dtype=None)
```

参数说明：

- Input：输入一个tensor。
- dim：要求和的维度，可以是一个列表，当dim=0时，即第0个维度会缩减，也就是说将N行压缩成一行，故相当于对列进行求和；当dim=1时，对行进行求和。
- keepdim：求和之后这个dim的元素个数为1，所以要被去掉，如果要保留这个维度，则应当让keepdim=True。

首先，创建初始张量，代码如下：

```
import torch

a = torch.rand(2,2)
print(a)
```

输出如下：

```
tensor([[0.0528, 0.3420],
        [0.5011, 0.4264]])
```

设置参数 input 和 dim，代码如下：

```
a1 = torch.sum(a)
a2 = torch.sum(a, dim=(0, 1))
a3 = torch.sum(a, dim=0)
a4 = torch.sum(a, dim=1)

print(a1)
print(a2)
print(a3)
print(a4)
```

输出如下：

```
tensor(1.3223)
tensor(1.3223)
```

```
tensor([0.5539, 0.7684])
tensor([0.3948, 0.9275])
```

设置参数 keepdim，代码如下：

```
a5 = torch.sum(a, dim=(0, 1), keepdim=True)
a6 = torch.sum(a, dim=(0, ), keepdim=True)
a7 = torch.sum(a, dim=(1, ), keepdim=True)

print(a5)
print(a6)
print(a7)
```

输出如下：

```
tensor([[1.3223]])
tensor([[0.5539, 0.7684]])
tensor([[0.3948],
        [0.9275]])
```

3. 平均值

torch.mean()函数对输入的 tensor 数据的某一维度求平均值，参数与 torch.sum()函数类似，也有两种用法：

```
torch.mean(input, dtype=None)
torch.mean(input, dim, keepdim=False, dtype=None)
```

设置参数 input 和 dim，代码如下：

```
a8 = torch.mean(a)
a9 = torch.mean(a, dim=(0, 1))
a10 = torch.mean(a, dim=0)
a11 = torch.mean(a, dim=1)

print(a8)
print(a9)
print(a10)
print(a11)
```

输出如下：

```
tensor(0.3306)
```

```
tensor(0.3306)
tensor([0.2770, 0.3842])
tensor([0.1974, 0.4638])
```

设置参数 keepdim，代码如下：

```
a12 = torch.mean(a, dim=(0, 1), keepdim=True)
a13 = torch.mean(a, dim=(0, ), keepdim=True)
a14 = torch.mean(a, dim=(1, ), keepdim=True)

print(a12)
print(a13)
print(a14)
```

输出如下：

```
tensor([[0.3306]])
tensor([[0.2770, 0.3842]])
tensor([[0.1974],
        [0.4638]])
```

4. 最大值

torch.max()函数返回最大值，参数与 torch.sum()函数类似，但是参数 dim 需要是整数，也有两种用法，代码如下：

```
torch.max(input, dtype=None)
torch.max(input, dim, keepdim=False, dtype=None)
```

设置参数 input 和 dim，代码如下：

```
a15 = torch.max(a)
a16 = torch.max(a, dim=0)
a17 = torch.max(a, dim=1)

print(a15)
print(a16)
print(a17)
```

输出如下：

```
tensor(0.5011)
torch.return_types.max(
```

```
values=tensor([0.5011, 0.4264]),
indices=tensor([1, 1]))
torch.return_types.max(
values=tensor([0.3420, 0.5011]),
indices=tensor([1, 0]))
```

设置参数 keepdim，代码如下：

```
a18 = torch.max(a, 0, keepdim=True)
a19 = torch.max(a, 1, keepdim=True)

print(a18)
print(a19)
```

输出如下：

```
torch.return_types.max(
values=tensor([[0.5011, 0.4264]]),
indices=tensor([[1, 1]]))
torch.return_types.max(
values=tensor([[0.3420],
        [0.5011]]),
indices=tensor([[1],
        [0]]))
```

5. 最小值

torch.min()函数返回最小值，参数与 torch.max()函数类似，也有两种用法，代码如下：

```
torch.min(input, dtype=None)
torch.min(input, dim, keepdim=False, dtype=None)
```

设置参数 input 和 dim，代码如下：

```
a20 = torch.min(a)
a21 = torch.min(a, dim=0)
a22 = torch.min(a, dim=1)

print(a20)
print(a21)
print(a22)
```

输出如下：

```
tensor(0.0528)
torch.return_types.min(
values=tensor([0.0528, 0.3420]),
indices=tensor([0, 0]))
torch.return_types.min(
values=tensor([0.0528, 0.4264]),
indices=tensor([0, 1]))
```

设置参数 keepdim，代码如下：

```
a23 = torch.min(a, 0, keepdim=True)
a24 = torch.min(a, 1, keepdim=True)

print(a23)
print(a24)
```

输出如下：

```
torch.return_types.min(
values=tensor([[0.0528, 0.3420]]),
indices=tensor([[0, 0]]))
torch.return_types.min(
values=tensor([[0.0528],
      [0.4264]]),
indices=tensor([[0],
      [1]]))
```

6. 中位数

torch.median()：返回中位数，参数与 torch.max()函数类似，也有两种用法，代码如下：

```
torch.median(input, dtype=None)
torch.median(input, dim, keepdim=False, dtype=None)
```

设置参数 input 和 dim，代码如下：

```
print(torch.median(a))
print(torch.median(a, 1))
```

输出如下：

```
tensor(0.3420)
torch.return_types.median(
values=tensor([0.0528, 0.4264]),
indices=tensor([0, 1]))
```

设置参数 keepdim，代码如下：

```
torch.median(a, 1, keepdim=True)
```

输出如下：

```
torch.return_types.median(
values=tensor([[0.0528],
        [0.4264]]),
indices=tensor([[0],
        [1]]))
```

7. 众数

torch.mode()：返回众数，参数与 torch.max()函数类似，也有两种用法，代码如下：

```
torch.mode(input, dtype=None)
torch.mode(input, dim, keepdim=False, dtype=None)
```

设置参数 input 和 dim，代码如下：

```
print(torch.mode(a))
print(torch.mode(a, 0))
```

输出如下：

```
torch.return_types.mode(
values=tensor([0.0528, 0.4264]),
indices=tensor([0, 1]))
torch.return_types.mode(
values=tensor([0.0528, 0.3420]),
indices=tensor([0, 0]))
```

设置参数 keepdim，代码如下：

```
torch.mode(a, 1, keepdim=True)
```

输出如下：

```
torch.return_types.mode(
```

```
values=tensor([[0.0528],
        [0.4264]]),
indices=tensor([[0],
        [1]]))
```

8. 方差

torch.var()：返回输入张量中所有元素的方差，也有两种用法，代码如下：

```
torch.var(input, unbiased=True)
torch.var(input, dim, unbiased=True, keepdim=False, *, out=None)
```

参数说明：

- input：输入一个tensor。
- dim：要求和的维度，可以是一个列表，当dim=0时，即第0个维度会缩减，也就是说将N行压缩成一行，故相当于对列进行求和；当dim=1时，对行进行求和。
- unbiased：是否使用无偏估计，布尔型。如果unbiased为False，则将通过有偏估计量计算方差，否则将使用"贝塞尔校正"更正。
- keepdim：求和之后这个dim的元素个数为1，所以要被去掉，如果要保留这个维度，则应当让keepdim=True。

设置参数 input 和 dim，代码如下：

```
torch.var(a, 1)
```

输出如下：

```
tensor([0.0418, 0.0028])
```

设置参数 unbiased，代码如下：

```
torch.var(a, 1, unbiased=False)
```

输出如下：

```
tensor([0.0209, 0.0014])
```

设置参数 keepdim，代码如下：

```
torch.var(a, 1, unbiased=False, keepdim=True)
```

输出如下：

```
tensor([[0.0209],
```

```
      [0.0014]]])
```

9. 标准差

torch.std()：返回输入张量中所有元素的标准差，参数与 torch.var()函数类似，也有两种用法，代码如下：

```
torch.std(input, unbiased=True)
torch.std(input, dim, unbiased=True, keepdim=False, *, out=None)
```

设置参数 input 和 dim，代码如下：

```
torch.std(a, 1)
```

输出如下：

```
tensor([0.2045, 0.0529])
```

设置参数 unbiased，代码如下：

```
torch.std(a, 1, unbiased=False)
```

输出如下：

```
tensor([0.1446, 0.0374])
```

设置参数 keepdim，代码如下：

```
torch.std(a, 1, unbiased=False, keepdim=True)
```

输出如下：

```
tensor([[0.1446],
        [0.0374]])
```

2.4　矩阵基础

矩阵是一个按照长方阵列排列的复数或实数集合，最早来自于方程组的系数及常数所构成的方阵，它是高等数学中的常见工具，也常见于统计分析等应用数学中。本节介绍矩阵，以及 PyTorch 中的矩阵运算及其案例。

2.4.1　矩阵及其运算

1. 矩阵基础

例如，由 $m×n$ 个数 $a_{ij}(i = 1,2,\cdots,m; j = 1,2,\cdots,n)$ 组成的 m 行 n 列矩形数据块，如下所示：

$$A = \begin{pmatrix} a_{11} & a_{12} & \cdots & a_{1n} \\ a_{21} & a_{22} & \cdots & a_{2n} \\ \vdots & \vdots & \vdots & \vdots \\ a_{m1} & a_{m2} & \cdots & a_{mn} \end{pmatrix}$$

称为 $m×n$ 矩阵，记为 $A = (a_{ij})_{m×n}$。

下面介绍一些特殊的矩阵，具体如下：

1）方阵：行数与列数相等的矩阵。

2）上（下）三角阵：主对角线以下（上）的元素全为零的方阵称为上（下）三角阵。

3）对角阵：主对角线以外的元素全为零的方阵。

4）数量矩阵：主对角线上元素相同的对角阵。

5）单位矩阵：主对角线上元素全是 1 的对角阵，记为 E。

6）零矩阵：元素全为零的矩阵。

2. 矩阵的运算

（1）矩阵的加法

如果 $A = (A_{ij})_{mn}, B = (b_{ij})_{mn}$，则 $C = A + B = (a_{ij} + b_{ij})_{mn}$。

矩阵加法具有的运算规律：

① A+B=B+A。

② (A+B)+C=A+(B+C)。

③ A+O=A。

④ A+(-A)=0。

（2）矩阵的减法

如果 $A = (A_{ij})_{mn}, B = (b_{ij})_{mn}$，则 $C = A - B = (a_{ij} - b_{ij})_{mn}$。

（3）矩阵的乘法

如果 $A = (a_{ij})_{mn}, B = (b_{ij})_{np}$，那么：

$$AB = C = (C_{ij})_{mp}$$

其中，$C_{ij} = \sum_{k=1}^{n} a_{ik} \times b_{kj}$。

矩阵乘法具有的运算规律：

① $(AB)C = A(BC)$。

② $A(B + C') = AB + AC'$。

③ $(B + C)A = BA + CA$。

（4）矩阵的除法

如果 $A = (a_{ij})_{mn}, B = (b_{ij})_{np}$，那么：

$$AB = C = (C_{ij})_{mp}$$

其中，$C_{ij} = \sum_{k=1}^{n} a_{ik}/b_{kj}$。

（5）矩阵的转置

设矩阵 $A=(a_{ij})_{mn}$，将 A 的行与列的元素位置交换，称为矩阵 A 的转置，记为 $A^{\mathrm{T}} = (a_{ji})nm$。

矩阵转置具有的运算规律：

① $(A^{\mathrm{T}})^{\mathrm{T}} = A$。

② $(A + B)^{\mathrm{T}} = A^{\mathrm{T}} + B^{\mathrm{T}}$。

③ $(kA)^{\mathrm{T}} = KA^{\mathrm{T}}$。

④ $(AB)^{\mathrm{T}} = B^{\mathrm{T}}A^{\mathrm{T}}$。

（6）矩阵的特征值与特征向量

设 A 为 n 阶矩阵，若存在常数 λ 和非零 n 维向量 α，使 $A\alpha = \lambda\alpha$，则称 λ 为 A 的特征值，α 是 A 的属于特征值 λ 的特征向量。称 $|\lambda E - A| = f_A(\lambda)$ 为 A 的特征多项式 $|\lambda E - A| = 0$ 为 A 的特征方程。

矩阵特征值与特征向量的求解步骤如下：

计算 A 的特征多项式 $f(\lambda) = |\lambda E - A|$。

求出特征方程 $f(\lambda) = |\lambda E - A| = 0$ 的全部根 $\lambda_1, \cdots, \lambda_n$，即为 A 的全部特征值。

对每个 λ_i，求出齐次线性方程组 $(\lambda_i E - A)X = 0$ 的基础解系 $\alpha_1, \alpha_2, \cdots, \alpha_s$，则 $\alpha_1, \alpha_2, \cdots, \alpha_s$ 即为矩阵 A 的属于特征值 λ_i 的特征向量。

2.4.2　PyTorch 矩阵运算

张量的基本运算方式，一种为逐元素之间的运算，例如 add（加）、sub（减）、mul（乘）、div（除）四则运算，以及幂运算、平方根、对数等矩阵运算。

1. 矩阵的加法

在 PyTorch 中，矩阵的加法运算有 4 种实现方法。下面通过案例进行介绍。

首先创建两个张量，代码如下：

```
import torch

a = torch.rand(3,4)
b = torch.rand(4)

print(a)
print(b)
```

输出如下：

```
tensor([[0.5675, 0.7567, 0.4230, 0.5616],
        [0.7795, 0.4334, 0.3138, 0.7730],
        [0.4122, 0.7436, 0.1173, 0.9017]])
tensor([0.3944, 0.3240, 0.4609, 0.7860])
```

从输出可以看出，张量 a 和张量 b 的维度不一样，在进行矩阵运算时，会隐式地把一个张量的维度调整到与另一个张量相匹配的维度以实现维度兼容，从而进行运算。

与 NumPy 的广播机制类似，这里的张量 b 会调整为如下的形式，维度与张量 a 一样。

```
tensor([[0.3944, 0.3240, 0.4609, 0.7860],
[0.3944, 0.3240, 0.4609, 0.7860],
[0.3944, 0.3240, 0.4609, 0.7860]])
```

方法 1：使用+运算符实现加法。

```
print(a+b)
```

输出如下：

```
tensor([[0.9619, 1.0807, 0.8839, 1.3476],
        [1.1739, 0.7574, 0.7747, 1.5590],
        [0.8066, 1.0675, 0.5781, 1.6877]])
```

方法 2：使用函数 torch.add()实现加法。

```
print(torch.add(a,b))
```

输出如下：

```
tensor([[0.9619, 1.0807, 0.8839, 1.3476],
        [1.1739, 0.7574, 0.7747, 1.5590],
        [0.8066, 1.0675, 0.5781, 1.6877]])
```

方法 3：输出到一个向量。

```
c = torch.Tensor(3,4)
print(torch.add(a,b,out=c))
```

输出如下：

```
tensor([[0.9619, 1.0807, 0.8839, 1.3476],
        [1.1739, 0.7574, 0.7747, 1.5590],
        [0.8066, 1.0675, 0.5781, 1.6877]])
```

方法 4：把一个张量加到另一个张量上。

```
print(b.add(a))
```

输出如下：

```
tensor([[0.9619, 1.0807, 0.8839, 1.3476],
        [1.1739, 0.7574, 0.7747, 1.5590],
        [0.8066, 1.0675, 0.5781, 1.6877]])
```

2. 矩阵的减法

在 PyTorch 中，矩阵的减法与矩阵的加法类似，代码如下：

```
print(a-b)
```

```
print(torch.sub(a,b))
```

```
c = torch.Tensor(3,4)
print(torch.sub(a,b,out=c))
```

```
print(b.sub(a))
```

输出如下：

```
tensor([[ 0.1731,  0.4328, -0.0378, -0.2245],
        [ 0.3851,  0.1095, -0.1470, -0.0130],
        [ 0.0178,  0.4196, -0.3436,  0.1157]])
```

3. 矩阵的乘法

在 PyTorch 中，矩阵的乘法与矩阵的加法类似，代码如下：

```
print(a*b)

print(torch.mul(a,b))

c = torch.Tensor(3,4)
print(torch.mul(a,b,out=c))

print(b.mul(a))
```

输出如下：

```
tensor([[0.2238, 0.2451, 0.1949, 0.4414],
        [0.3074, 0.1404, 0.1446, 0.6076],
        [0.1626, 0.2409, 0.0540, 0.7088]])
```

4. 矩阵的除法

在 PyTorch 中，矩阵的除法与矩阵的加法类似，代码如下：

```
print(a/b)

print(torch.div(a,b))

c = torch.Tensor(3,4)
print(torch.div(a,b,out=c))

print(a.div(b))
```

输出如下：

```
tensor([[0.8324, 2.0054, 0.4202, 5.6673],
        [0.3516, 0.6091, 1.3338, 3.8286],
        [0.1119, 3.9072, 1.1240, 3.8202]])
```

5. 矩阵的幂运算

在 PyTorch 中，矩阵的幂运算代码如下：

```
print(a.pow(2))
```

```
print(a**2)
```

输出如下：

```
tensor([[0.3221, 0.5726, 0.1789, 0.3154],
        [0.6077, 0.1879, 0.0985, 0.5975],
        [0.1699, 0.5529, 0.0138, 0.8131]])
tensor([[0.3221, 0.5726, 0.1789, 0.3154],
        [0.6077, 0.1879, 0.0985, 0.5975],
        [0.1699, 0.5529, 0.0138, 0.8131]])
```

6. 矩阵的平方根

在 PyTorch 中，矩阵的平方根代码如下：

```
print(a.sqrt())
```

```
print(a.rsqrt())
```

输出如下：

```
tensor([[0.7533, 0.8699, 0.6504, 0.7494],
        [0.8829, 0.6584, 0.5602, 0.8792],
        [0.6420, 0.8623, 0.3425, 0.9496]])
tensor([[1.3274, 1.1496, 1.5375, 1.3344],
        [1.1326, 1.5189, 1.7851, 1.1374],
        [1.5576, 1.1597, 2.9201, 1.0531]])
```

7. 矩阵的对数

在 PyTorch 中，矩阵的对数代码如下：

```
print(torch.log2(a))
```

```
print(torch.log10(a))
```

输出如下：

```
tensor([[-0.8173, -0.4022, -1.2412, -0.8325],
        [-0.3593, -1.2061, -1.6719, -0.3715],
        [-1.2787, -0.4274, -3.0920, -0.1493]])
tensor([[-0.2460, -0.1211, -0.3736, -0.2506],
        [-0.1082, -0.3631, -0.5033, -0.1118],
        [-0.3849, -0.1287, -0.9308, -0.0449]])
```

8. 其他主要运算

在 PyTorch 中，还有向下取整、向上取整、四舍五入等张量运算，代码如下：

```
a = torch.tensor(3.1415926)

print(a.floor())

print(a.ceil())

print(a.round())
```

输出如下：

```
tensor(3.)
tensor(4.)
tensor(3.)
```

在 PyTorch 中，如果要提取整数部分，可以使用 trunc() 函数，如果要提取小数部分，可以使用 frac() 函数（默认保留 4 位，并进行四舍五入），案例代码如下：

```
print(a.trunc())

print(a.frac())
```

输出如下：

```
tensor(3.)
tensor(0.1415)
```

2.5 动手练习：拟合余弦函数曲线

为了让读者更好地理解和使用数学函数，本节介绍 PyTorch 中数学函数应用的例子。

1. 说明

本实例使用 PyTorch 拟合余弦函数曲线，展示预测值和真实值的折线图。

2. 步骤

具体操作步骤如下：

步骤 01 导入相关第三方库，代码如下：

```
import torch
import torch.nn as nn
from torch.utils.data import DataLoader
from torch.utils.data import TensorDataset
import numpy as np
import matplotlib
import matplotlib.pyplot as plt
matplotlib.rcParams['font.sans-serif'] = ['SimHei']
matplotlib.rcParams['axes.unicode_minus'] = False
```

步骤 02 准备拟合数据，代码如下：

```
x=np.linspace(-2*np.pi,2*np.pi,400)
y=np.cos(x)
X=np.expand_dims(x,axis=1)
Y=y.reshape(400,-1)
dataset=TensorDataset(torch.tensor(X,dtype=torch.float),torch.tensor(Y,dtype=torch.float))
dataloader=DataLoader(dataset,batch_size=10,shuffle=True)
```

步骤 03 设置神经网络，这里就用一个简单的线性结构，代码如下：

```
class Net(nn.Module):
    def __init__(self):
        super(Net, self).__init__()
        self.net=nn.Sequential(
```

```
        nn.Linear(in_features=1,out_features=10),nn.ReLU(),
        nn.Linear(10,100),nn.ReLU(),
        nn.Linear(100,10),nn.ReLU(),
        nn.Linear(10,1)
    )

    def forward(self, input:torch.FloatTensor):
        return self.net(input)

net=Net()
```

步骤 04　设置优化器和损失函数，代码如下：

```
optim=torch.optim.Adam(Net.parameters(net),lr=0.001)
Loss=nn.MSELoss()
```

步骤 05　开始训练模型并进行预测，训练 100 次，代码如下：

```
for epoch in range(100):
    loss=None
    for batch_x,batch_y in dataloader:
        y_predict=net(batch_x)
        loss=Loss(y_predict,batch_y)
        optim.zero_grad()
        loss.backward()
        optim.step()

    if (epoch+1)%10==0:
        print("训练步骤：{0}，模型损失：{1}".format(epoch+1,loss.item()))

predict=net(torch.tensor(X,dtype=torch.float))
```

步骤 06　绘制预测值和真实值之间的折线图，代码如下：

```
plt.figure(figsize=(12, 7), dpi=160)
plt.plot(x,y,label="实际值",marker = "X")
plt.plot(x,predict.detach().numpy(),label="预测值",marker='o')
plt.xlabel("x",size=15)
plt.ylabel("cos(x)",size=15)
plt.xticks(size=15)
```

```
plt.yticks(size=15)
plt.legend(fontsize=15)

plt.show()
```

3. 小结

本实例使用 PyTorch 拟合了余弦函数曲线，拟合效果较好。模型的训练过程以及每个过程的损失如下：

```
训练步骤：10 , 模型损失：0.016479406505823135
训练步骤：20 , 模型损失：0.0010833421256393194
训练步骤：30 , 模型损失：0.0020331249106675386
训练步骤：40 , 模型损失：0.010721233673393726
训练步骤：50 , 模型损失：0.0038663491141051054
训练步骤：60 , 模型损失：0.007655820343643427
训练步骤：70 , 模型损失：0.0019679348915815353
训练步骤：80 , 模型损失：0.0017576295649632812
训练步骤：90 , 模型损失：0.0006092540570534766
训练步骤：100 , 模型损失：0.004498030990362167
```

输出的预测值和真实值之间的折线图如图 2-2 所示。

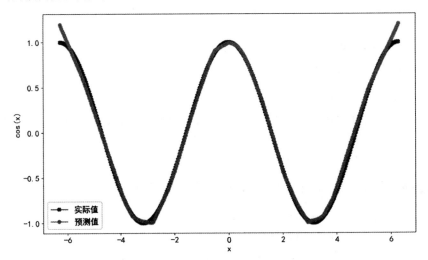

图 2-2　余弦函数折线图

2.6　练习题

练习 1：简述函数的基本概念，并简要说明 PyTorch 中的主要函数。

练习 2：简述 PyTorch 自动微分的原理，并介绍其主要的实现函数。

练习 3：简述数理统计中常用的指标，并介绍 PyTorch 相关的实现函数。

练习 4：简述矩阵的广播机制，并介绍 PyTorch 中的矩阵四则运算。

第 **3** 章
PyTorch 的基本概念

PyTorch 的前身是 Torch，其底层和 Torch 框架一样，但使用 Python 重新写了很多内容，不仅更加灵活，支持动态图，而且提供了 Python 接口，它是一个以 Python 环境优先的深度学习框架，不仅能够实现强大的 GPU 加速，同时还支持动态神经网络。为了使读者更容易理解和使用 PyTorch 进行深度学习训练，本章首先来介绍一下 PyTorch 的相关概念。

3.1 张量及其创建

在数学概念中，张量是一个多维数组，它是标量、向量、矩阵的高维拓展。本节介绍张量的概念，以及 PyTorch 中张量的几种常用创建方法。

3.1.1 张量及其数据类型

张量及其相关应用是近年来热门的研究话题，因为张量相对于矩阵来说能更加自然和完整地表征自然界的一些现象。张量是一个多维数组，它的每一个方向被称为模（Mode）。张量的阶数就是它的维数，一阶张量就是向量，二阶张量就是矩阵，三阶及其以上的张量统称为高阶张量。

张量是 PyTorch 的基本数据结构，在使用时需要表示成 torch.Tensor 的形式，它有 8 个主要的属性，如 data、grad 等，具体如下：

- data: 被包装的张量。
- dtype: 张量的数据类型。
- shape: 张量的形状/维度。
- device: 张量所在设备，加速计算的关键，GPU或CPU。
- grad: data的梯度。
- grad_fn: 创建张量的函数，这是自动求导的关键。
- requires_grad: 指示是否需要计算梯度。
- is_leaf: 指示是否是叶子节点。

其中，前 4 个属性与数据相关，后 4 个属性与梯度求导相关。

torch.dtype 是表示 torch.Tensor 的数据类型的对象，PyTorch 中有 9 种不同的数据类型，具体如表 3-1 所示。

表 3-1　张量数据类型

Data Type	dtype	CPU Tensor	GPU Tensor
32-bit floating point	torch.float32 or torch.float	torch.FloatTensor	torch.cuda.FloatTensor
64-bit floating point	torch.float64 or torch.double	torch.DoubleTensor	torch.cuda.DoubleTensor
16-bit floating point	torch.float16 or torch.half	torch.HalfTensor	torch.cuda.HalfTensor
8-bit integer(unsigned)	torch.uint8	torch.ByteTensor	torch.cuda.ByteTensor
8-bit integer(signed)	torch.int8	torch.CharTensor	torch.cuda.CharTensor
16-bit integer(signed)	torch.int16 or torch.short	torch.ShortTensor	torch.cuda.ShortTensor
32-bit integer(signed)	torch.int32 or torch.int	torch.IntTensor	torch.cuda.IntTensor
64-bit integer(signed)	torch.int64 or torch.long	torch.LongTensor	torch.cuda.LongTensor
Boolean	torch.bool	torch.BoolTensor	torch.cuda.BoolTensor

3.1.2　数组直接创建张量

前面我们已经初步了解了张量的概念，那么如何创建张量呢？创建张量的方法有多种，其中使用数组直接创建张量主要有以下两种方法。

方法 1：使用 torch.tensor()函数从数组直接创建张量，并查看其数据类型，案例如下：

```
import torch
import numpy as np


arr = np.ones((3, 3))
print("ndarray 的数据类型：", arr.dtype)
t1 = torch.tensor(arr)
```

```
t2 = torch.tensor(arr, device='cpu')
print(t1)
print(t2)
```

输出如下，从示例可以看出，以上使用 arr 数组创建了一个新的张量。

```
ndarray 的数据类型：float64
tensor([[1., 1., 1.],
        [1., 1., 1.],
        [1., 1., 1.]], dtype=torch.float64)
tensor([[1., 1., 1.],
        [1., 1., 1.],
        [1., 1., 1.]], dtype=torch.float64)
```

方法 2：使用 torch.from_numpy()函数从 NumPy 创建张量。

通过 torch.from_numpy 创建的张量与原 ndarray 共享内存，当修改其中一个时，另一个也会被改动。例如，修改张量中[0,2]的数值为-1，代码如下：

```
import torch
import numpy as np

arr = np.array([[1, 2, 3], [4, 5, 6]])
t = torch.from_numpy(arr)
print("原始数组和张量")
print(arr)
print(t)

print("\n 修改张量的数值")
t[0, 2] = -1
print(arr)
print(t)
```

代码输出如下：

```
原始数组和张量
[[1 2 3]
 [4 5 6]]
tensor([[1, 2, 3],
        [4, 5, 6]], dtype=torch.int32)
```

修改张量的数值

```
[[ 1  2 -1]
 [ 4  5  6]]
tensor([[ 1,  2, -1],
        [ 4,  5,  6]], dtype=torch.int32)
```

3.1.3　概率分布创建张量

1. 从正态分布中抽取随机数创建张量

通过 torch.normal()函数从给定参数的离散正态分布中抽取随机数创建张量,共有 4 种模式,即均值和标准差分别为标量或张量,当均值和标准差中有一个为张量,另一个为标量时,将会应用 broadcast 机制把标量扩展成同型张量。

torch.normal()函数如下:

```
torch.normal(mean,std,size,out=None)
```

参数说明:

- mean: 均值。
- std: 标准差。
- size: 仅在mean和std均为标量时使用,表示创建张量的形状。

例如,mean 为张量,std 为张量,一一对应取 mean 和 std 中的值作为均值和标准差构成正态分布,从每个正态分布中随机抽取一个数字,案例如下:

```
import torch

mean = torch.arange(1, 5, dtype=torch.float)
std = torch.arange(1, 5, dtype=torch.float)
t = torch.normal(mean, std)
print("mean:{}\nstd:{}\n{}".format(mean, std, t))
```

输出如下:

```
mean:tensor([1., 2., 3., 4.])
std:tensor([1., 2., 3., 4.])
tensor([ 0.0653,  3.8435, -2.2774,  8.5908])
```

2. 从标准正态分布中抽取随机数创建张量

可以使用 torch.randn()函数和 torch.randn_like()函数从标准正态分布（均值为 0，标准差为 1）中抽取随机数创建张量。

torch.randn()函数如下：

```
torch.randn(size,out=None,dtype=None,layout=torch.strided,device=None
,requires_grad=False)
```

torch.randn_like()函数如下：

```
torch.randn_like(input,dtype=None,layout=None,device=None,requires_gr
ad=False)
```

3. 从均匀分布中抽取随机数创建张量

可以使用 torch.rand()函数和 torch.rand_like()函数从[0，1)上的均匀分布中抽取随机数创建张量。

torch.rand()函数如下：

```
torch.rand(size,out=None,dtype=None,layout=torch.strided,device=None,
requires_grad=False)
```

torch.rand_like()函数如下：

```
torch.rand_like(input,dtype=None,layout=torch.strided,device=None,req
uires_grad=False)
```

3.2　激活函数

激活函数就是在神经网络的神经元上运行的函数，负责将神经元的输入映射到输出端。本节介绍激活函数，以及 PyTorch 中的几种常用激活函数。

3.2.1　激活函数及必要性

在深度学习中，信号从一个神经元传入下一层神经元之前是通过线性叠加来计算的，而进入下一层神经元需要经过非线性的激活函数，继续往下传递，如此循环下去。由于这些非线性函数的反复叠加，才使得神经网络有足够的能力来抓取复杂的特征。

如果不使用非线性的激活函数，这种情况下每一层输出都是上一层输入的线性函数。无论神经网络有多少层，输出都是输入的线性函数，这样就和只有一个隐藏层的效果是一样的。这种情况相当于多层感知器（Multilayer Perceptron，MLP）。

激活函数的发展经历了 Sigmoid→Tanh→ReLU→Leaky ReLU 等多种不同类型的激活函数及其改进结构，还有一个特殊的激活函数 Softmax，它只会被用在网络中的最后一层，用来进行最后的分类和归一化。

3.2.2　Sigmoid 激活函数

在生物学中，有一个常见的 S 型生长曲线函数，它就是 Sigmoid 函数。Sigmoid 函数常被用作神经网络的阈值函数，因为它在信息科学中具备单增以及反函数单增等性质，它可以将变量映射至 0~1，其公式如下：

$$f(x) = \frac{1}{1 + e^{-x}}$$

Sigmoid 是几十年来应用最多的激活函数之一，它的应用范围比较广泛，值域在 0~1，因此可以将其输出作为预测二值型变量取值为 1 的概率，有很好的概率解释性，Sigmoid 激活函数在其大部分定义域内都饱和，仅仅当输入接近 0 时才会对输入强烈敏感。它能够控制数值的幅度，并且在深层网络中可以保持数据幅度不会出现大的变化。

绘制函数曲线的代码如下：

```
import numpy as np
import matplotlib.pyplot as plt

def sigmoid(x):
    return 1. / (1. + np.exp(-x))

def plot_sigmoid():
    x = np.arange(-10, 10, 0.1)
    y = sigmoid(x)
    plt.plot(x, y)
    plt.show()

if __name__ == '__main__':
    plot_sigmoid()
```

绘制的 Sigmoid 激活函数图形如图 3-1 所示。

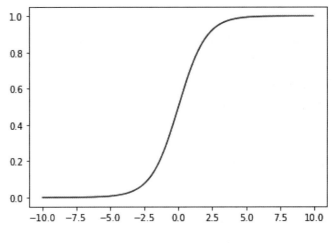

图 3-1　Sigmoid 激活函数

　　Sigmoid 函数具有明显的优势。首先，Sigmoid 函数限定了神经元的输出范围在 0~1，在一些问题中，这种形式的输出可以被看作概率取值。其次，当神经网络的损失函数取交叉熵时，S 函数可用于输入数据的归一化操作，且交叉熵与 Sigmoid 函数的配合能够有效改善算法迭代速度慢的问题。

3.2.3　Tanh 激活函数

　　Tanh 是双曲函数中的一个，Tanh()为双曲正切。在数学中，双曲正切 Tanh 是由基本双曲函数双曲正弦和双曲余弦推导而来的，其公式如下：

$$\tanh(x) = \frac{\sinh(x)}{\cosh(x)} = \frac{e^x - e^{-x}}{e^x + e^{-x}}$$

　　在分类任务中，Tanh 激活函数正逐渐取代 Sigmoid 激活函数成为神经网络的激活函数。根据图像可以看出，他关于原点对称，解决了 Sigmoid 函数中输出值都为正数的问题，而其他属性基本都与 Sigmoid 函数相同，具有连续性和可微性。

　　绘制函数曲线的代码如下：

```python
import numpy as np
import matplotlib.pyplot as plt

def tanh(x):
    return (np.exp(x)-np.exp(-x))/(np.exp(x)+np.exp(-x))
```

```
def plot_tanh():
    x=np.arange(-10,10,0.1)
    y=tanh(x)
    plt.plot(x,y)
    plt.show()

if __name__ == '__main__':
    plot_tanh()
```

绘制的 Tanh 激活函数图形如图 3-2 所示。

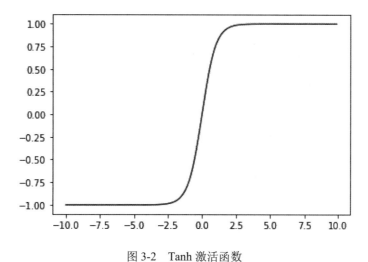

图 3-2　Tanh 激活函数

Tanh 函数关于原点对称，是一个 0 均值的函数，这是它较之 Sigmod 函数有所改进的地方。Sigmoid 函数的输出具有偏移现象，即输出均为大于 0 的实值。而 Tanh 的输出则均匀地分布在 y 轴两侧。生物神经元的激活具有稀疏性，而 Tanh 函数的输出结果更趋于 0，从而使人工神经网络更接近生物自然状态。

3.2.4　ReLU 激活函数

2001 年，线性分段激活函数 ReLU（Rectified Linear Unit）首次被提出，伴随深度神经网络的产生而兴起，其公式如下：

$$f(x) = \max(0, x)$$

ReLU 函数的一个直观的特点就是形式简单，抑制所有小于 0 的输入，仅保留净激活大于 0 的部分。因此，当 $x<0$ 时，函数的导数为 0，即 ReLU 在 x 轴右侧饱和。但与 Sigmoid 函数和 Tanh 函数同时存在左右两个饱和区的情况相比，ReLU 陷入单侧饱和的概率已经大大降低。另外，ReLU 也是非 0 均值的激活函数，但是其本身具有的稀疏激活性在一定程度上可以抵消非 0 均值输出带来的影响。

绘制函数曲线的代码如下：

```python
import numpy as np
import matplotlib.pyplot as plt

def relu(x):
    return np.maximum(0,x)

def plot_relu():
    x=np.arange(-10,10,0.1)
    y=relu(x)
    plt.plot(x,y)
    plt.show()

if __name__ == '__main__':
    plot_relu()
```

绘制的 ReLU 激活函数图形如图 3-3 所示。

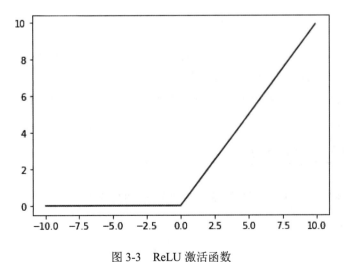

图 3-3　ReLU 激活函数

ReLU 函数近年来应用较为广泛，相对于 Sigmoid 和 Tanh，它解决了两个函数存在的致命缺陷，即梯度弥散问题：根据图像不难看出，函数在正无穷处的梯度是一个常量，而不是像前两个函数一样为 0，并且由于函数组成简单，运算速度比包含指数函数的 Sigmoid 以及 Tanh 要快很多。

3.2.5 Leakly ReLU 激活函数

当 ReLU 的输入值为负的时候，输出始终为 0，其一阶导数也始终为 0，这样会导致神经元不能更新参数，也就是神经元不学习了，这种现象叫作"神经元坏死"。

为了解决 ReLU 函数这个缺点，在 ReLU 函数的负半区间引入一个泄漏（Leaky）值，所以称为 Leaky ReLU 函数，其公式如下：

$$f(x) = \max(0.01x, x)$$

带泄漏修正线性单元（Leaky ReLU）函数是经典（以及广泛使用的）的 ReLU 激活函数的变体，该函数输出对负值输入有很小的坡度。由于导数总是不为零，这能减少静默神经元的出现，允许基于梯度的学习（虽然会很慢），解决了 ReLU 函数进入负区间后，导致神经元不学习的问题。

绘制激活函数曲线的代码如下：

```
import numpy as np
import matplotlib.pyplot as plt

def leakly_relu(x):
    return np.array([i if i > 0 else 0.01*i for i in x ])

def lea_relu_diff(x):
    return np.where(x > 0, 1, 0.01)

x = np.arange(-10, 10, step=0.01)
y_sigma = leakly_relu(x)
y_sigma_diff = lea_relu_diff(x)
axes = plt.subplot(111)
axes.plot(x, y_sigma, label='leakly_relu')
axes.legend()
plt.show()
```

绘制的 Leaky ReLU 激活函数图形如图 3-4 所示。

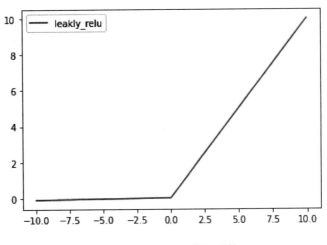

图 3-4　Leaky ReLU 激活函数

3.2.6　其他类型的激活函数

除了前面介绍的 4 类激活函数外，PyTorch 1.9 中还有 24 类激活函数，如表 3-2 所示，具体用法和参数含义可以参考 PyTorch 官方网站的介绍文档。

表 3-2　其他激活函数

编号	激活函数	调用方法
1	nn.ELU	torch.nn.ELU(alpha=1.0, inplace=False)
2	nn.Hardshrink	torch.nn.Hardshrink(lambd=0.5)
3	nn.Hardsigmoid	torch.nn.Hardsigmoid(inplace=False)
4	nn.Hardtanh	torch.nn.Hardtanh(min_val=-1.0, max_val=1.0, ...)
5	nn.Hardswish	torch.nn.Hardswish(inplace=False)
6	nn.LogSigmoid	torch.nn.LogSigmoid()
7	nn.MultiheadAttention	torch.nn.MultiheadAttention(embed_dim, num_heads, ...)
8	nn.PReLU	torch.nn.PReLU(num_parameters=1, init=0.25)
9	nn.ReLU6	torch.nn.ReLU6(inplace=False)
10	nn.RReLU	torch.nn.RReLU(lower=0.125, upper=0.33, inplace=False)
11	nn.SELU	torch.nn.SELU(inplace=False)
12	nn.CELU	torch.nn.CELU(alpha=1.0, inplace=False)
13	nn.GELU	torch.nn.GELU()
14	nn.SiLU	torch.nn.SiLU(inplace=False)
15	nn.Softplus	torch.nn.Softplus(beta=1, threshold=20)
16	nn.Softshrink	torch.nn.Softshrink(lambd=0.5)

（续表）

编号	激活函数	调用方法
17	nn.Softsign	torch.nn.Softsign()
18	nn.Tanhshrink	torch.nn.Tanhshrink
19	nn.Threshold	torch.nn.Threshold(threshold, value, inplace=False)
20	nn.Softmin	torch.nn.Softmin(dim=None)
21	nn.Softmax	torch.nn.Softmax(dim=None)
22	nn.Softmax2d	torch.nn.Softmax2d()
23	nn.LogSoftmax	torch.nn.LogSoftmax(dim=None)
24	nn.AdaptiveLogSoftmax-WithLoss	torch.nn.AdaptiveLogSoftmaxWithLoss(...)

3.3　损失函数

损失函数是统计学和机器学习等领域的基础概念，它将随机事件或与其相关的随机变量的取值映射为非负实数，用来表示该随机事件的风险或损失的函数。本节介绍损失函数，以及 PyTorch 中的几种常用损失函数。

3.3.1　损失函数及选取

监督学习中的损失函数常用来评估样本的真实值和模型预测值之间的不一致程度，一般用于模型的参数估计。受到应用场景、数据集和待求解问题等因素的制约，现有监督学习算法使用的损失函数的种类和数量较多，而且每个损失函数都有各自的特征，因此从众多损失函数中选择适合求解问题最优模型的损失函数是相当困难的。

在监督学习中，损失函数表示单个样本真实值与模型预测值之间的偏差，其值通常用于衡量模型的性能。现有的监督学习算法不仅使用了损失函数，而且求解不同应用场景的算法会使用不同的损失函数。研究表明，即使在相同场景下，不同的损失函数度量同一样本的性能时也存在差异。可见，损失函数的选用是否合理直接决定着监督学习算法预测性能的优劣。

在实际问题中，损失函数的选取会受到许多约束，如机器学习算法的选择、是否有离群点、梯度下降的复杂性、求导的难易程度以及预测值的置信度等。目前，没有一种损失函数能完美处理所有类型的数据。在同等条件下，模型选取的损失函数越能扩大样本的类间距离、减小样本的类内距离，模型预测的精确度就越高。实践表明，在同一模型中，与求解问题数据相匹配的损失函数往往对提升模型的预测能力起着关键作用。因此，如果能正确理解各种损失函数的特性，分析它们适用的应用场景，针对特定问题选取合适的损失函数，就可以进一步提高模型的预测精度。

损失函数的标准数学形式不仅种类多，而且每类损失函数又在其标准形式的基础上演化出了许多演化形式。0-1 损失函数是最简单的损失函数，在其基础上加入参数控制损失范围，形成感知器损失函数；加入安全边界，演化为铰链损失函数。可见，损失函数的发展不是孤立的，而是随着应用研究的发展进行变革的。在 PyTorch 中，损失函数通过 torch.nn 包实现调用。

3.3.2 L1 范数损失函数

L1 范数损失即 L1Loss，计算方法比较简单，原理就是取预测值和真实值的绝对误差的平均数，计算模型预测输出 output 和目标 target 之差的绝对值，可选返回同维度的张量或者一个标量，计算公式如下：

$$loss(x, y) = \frac{1}{N} \sum_{i=1}^{N} |x - y|$$

模型调用方法如下：

```
torch.nn.L1Loss(size_average=None,reduce=None,reduction='mean')
```

参数说明：

- size_average：当 reduce=True 时有效。为 True 时，返回的 loss 为平均值；为 False 时，返回各样本的 loss 数值之和。
- reduce：返回值是否为标量，默认为 True。

案例代码如下：

```
import torch

loss = torch.nn.L1Loss(reduction='mean')
input = torch.tensor([1.0, 2.0, 3.0, 4.0])
target = torch.tensor([4.0, 5.0, 6.0, 7.0])
output = loss(input, target)
print(output)
```

输出如下：

```
tensor(3.)
```

两个输入类型必须一致，reduction 是损失函数的一个参数，有 3 个值：none 返回的是一个向量(batch_size)，sum 返回的是和，mean 返回的是均值。上面的例子用不同参数的话，返回值分别为：tensor([3., 3., 3., 3.])、tensor(3.)、tensor(12.)。

3.3.3　均方误差损失函数

均方误差损失即 MSELoss，计算公式是预测值和真实值之间的平方和的平均数，计算模型预测输出 output 和目标 target 之差的平方，可选返回同维度的张量或者一个标量，计算公式如下：

$$loss(x, y) = \frac{1}{N} \sum_{i=1}^{N} |x - y|^2$$

模型调用方法如下：

```
torch.nn.MSELoss(reduce=True,size_average=True,reduction='mean')
```

参数说明：

- reduce：返回值是否为标量，默认为True。
- size_average：当reduce=True时有效。为True时，返回的loss为平均值；为False时，返回各样本的loss数值之和。

案例代码如下：

```
import torch

loss = torch.nn.L1Loss(reduction='mean')
input = torch.tensor([1.0, 2.0, 3.0, 4.0])
target = torch.tensor([4.0, 5.0, 6.0, 7.0])

loss_fn = torch.nn.MSELoss(reduction='mean')
loss = loss_fn(input, target)
print(loss)
```

输出如下：

```
tensor(9.)
```

这里注意一下两个入参：reduce=False，返回向量形式的 loss；reduce=True，返回标量形式的 loss。size_average=True，返回 loss.mean()；如果 size_average=False，则返回 loss.sum()。默认情况下，两个参数都为 True。

3.3.4 交叉熵损失函数

交叉熵损失即 CrossEntropyLoss，该损失函数结合了 nn.LogSoftmax()和 nn.NLLLoss()两个函数，在做分类训练的时候是非常有用的。

首先介绍一下交叉熵的概念，它是用来判定实际输出与期望输出的接近程度，例如分类训练的时候，如果一个样本属于第 K 类，那么这个类别所对应的输出节点的输出值应该为 1，而其他节点的输出都为 0，即[0,0,1,0,…,0,0]，也就是样本的标签，它是神经网络最期望的输出。也就是说，用它来衡量网络的输出与标签的差异，利用这种差异通过反向传播去更新网络参数。

交叉熵主要刻画的是实际输出概率与期望输出概率的距离，也就是交叉熵的值越小，两个概率分布就越接近，假设概率分布 p 为期望输出，概率分布 q 为实际输出，计算公式如下：

$$H(p, q) = -\sum_x p(x) * \log q(x)$$

模型调用方法如下：

```
torch.nn.CrossEntropyLoss(weight=None,size_average=None,ignore_index=
-100,reduce=None,reduction='mean')
```

参数说明：

- weight(tensor)：n个元素的一维张量，分别代表n类的权重，如果训练样本很不均衡的话，非常有用，默认值为None。
- size_average：当reduce=True时有效。为True时，返回的loss为平均值；为False时，返回各样本的loss数值之和。
- ignore_index：忽略某一类别，不计算其loss，并且在采用size_average时，不会计算那一类的loss数值。
- reduce：返回值是否为标量，默认为True。

案例代码如下：

```
import torch
```

```
entroy = torch.nn.CrossEntropyLoss()
input = torch.Tensor([[-0.1181, -0.3682, -0.2209]])
target = torch.tensor([0])

output = entroy(input, target)
print(output)
```

输出如下：

```
tensor(0.9862)
```

3.3.5　余弦相似度损失

余弦相似度损失目的是让两个向量尽量相近。注意这两个向量都是有梯度的，计算公式如下：

$$\text{loss}(x, y) = \begin{cases} 1 - \cos(x_1, x_2), & y == 1 \\ \max(0, \cos(x_1, x_2) - \text{margin}), & y == -1 \end{cases}$$

其中，margin 可以取 $[-1, 1]$，但是建议取 $0 \sim 0.5$。

模型调用方法如下：

```
torch.nn.CosineEmbeddingLoss(margin=0.0, reduction='mean')
```

案例代码如下：

```
import torch

a = torch.tensor([1.0, 2.0, 3.0, 4.0])
b = torch.tensor([4.1, 6.1, 7.1, 8.1])

similarity = torch.cosine_similarity(a, b, dim=0)
loss = 1 - similarity
print(loss)
```

输出如下：

```
tensor(0.0199)
```

3.3.6 其他损失函数

除了前面介绍的 4 类损失函数外，PyTorch 1.9 中还有 16 类损失函数，如表 3-3 所示，具体用法和参数含义可以参考 PyTorch 官方网站的介绍文档。

表 3-3　其他损失函数

编　号	损失函数	函数说明
1	nn.CTCLoss	连接时序分类损失
2	nn.NLLLoss	负对数似然损失
3	nn.PoissonNLLLoss	泊松负对数似然损失
4	nn.GaussianNLLLoss	高斯负对数似然损失
5	nn.KLDivLoss	KL 散度损失
6	nn.BCELoss	二进制交叉熵损失
7	nn.BCEWithLogitsLoss	逻辑二进制交叉熵损失
8	nn.MarginRankingLoss	间隔排序损失
9	nn.HingeEmbeddingLoss	铰链嵌入损失
10	nn.MultiLabelMarginLoss	多标签分类损失
11	nn.SoftMarginLoss	两分类逻辑损失
12	nn.MultiLabelSoftMarginLoss	多标签逻辑损失
13	nn.SmoothL1Loss	平滑 L1 损失
14	nn.MultiMarginLoss	多类别分类损失
15	nn.TripletMarginLoss	三元组损失
16	nn.TripletMarginWithDistanceLoss	距离三元组损失

3.4　优化器

优化器就是在深度学习反向传播过程中，指引损失函数的各个参数往正确的方向更新合适的大小，使得更新后的各个参数让损失函数（目标函数）值不断逼近全局最小。本节介绍优化器，以及 PyTorch 中的几种常用优化器。

3.4.1 梯度及梯度下降

梯度是微积分中一个很重要的概念，在单变量的函数中，梯度其实就是函数的微分，代表着函数在某个给定点的切线的斜率。在多变量函数中，梯度是一个向量，向量有方向，梯度的方向就指出了函数在给定点的上升最快的方向。

例如，如果你需要从山上下来，要选择下山的路径，就需要利用周围的环境信息去寻找。这个时候，可以利用梯度下降算法来帮助自己下山，以当前所处的位置为基准，寻找这个位置最陡峭的地方，然后朝着下山的方向走，每走一段距离，都反复采用同一个方法。

梯度下降的基本过程就和下山的场景类似，如图 3-5 所示。首先，我们有一个可微分的函数。这个函数就代表着一座山，我们的目标就是找到这个函数的最小值。对应到函数中，就是找到给定点的梯度，然后朝着梯度相反的方向，就能让函数值下降得最快，因为梯度的方向就是函数值变化最快的方向。所以，我们重复利用这个方法反复求取梯度，最后就能到达局部的最小值，这就类似于我们下山的过程。

梯度下降公式如下：

$$\theta_i = \theta_i - \alpha \frac{\partial}{\partial \theta_i} J(\theta)$$

α 在梯度下降算法中被称作为学习率或步长，意味着我们可以通过它来控制每一步走的距离，不能太大，也不能太小，太小的话可能导致迟迟走不到最低点，太大的话会导致错过最低点。

梯度前加一个负号，就意味着朝着梯度相反的方向前进。梯度的方向实际就是函数在此点上升最快的方向，而我们需要朝着下降最快的方向走，自然就是负的梯度的方向，所以此处需要加上负号。

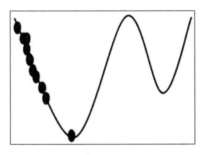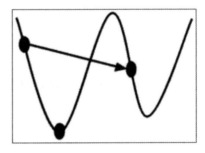

图 3-5　梯度下降

常见的梯度下降算法有：全梯度下降（Full Gradient Descent）算法、随机梯度下降（Stochastic Gradient Descent，SGD）算法、随机平均梯度下降（Stochastic Average Gradient Descent）算法、小批量梯度下降（Mini-Batch Gradient Descent）算法。

3.4.2 随机梯度下降算法

随机梯度下降算法源于 1951 年 Robbins 和 Monro 提出的随机逼近，最初被应用于模式识别和神经网络。这种方法在迭代过程中随机选择一个或几个样本的梯度来替代总体梯度，从而大大降低了计算复杂度。1958 年，Rosenblatt 等研制出的感知器采用了随机梯度下降法的思想，即每轮随机选取一个误分类样本，求其对应损失函数的梯度，再基于给定的步长更新参数。1986 年，Rumelhart 等分析了多层神经网络的误差反向传播算法，该算法每次按顺序或随机选取一个样本来更新参数，它实际上是小批量梯度下降法的一个特例。

批量梯度下降算法在梯度下降时，每次迭代都要计算整个训练数据上的梯度，当遇到大规模训练数据时，计算资源需求多，数据通常也会非常冗余。随机梯度下降算法则把数据拆成几个小批次样本，每次只随机选择一个样本来更新神经网络参数。

实验表明，每次使用小批量样本，虽然不足够反映整体数据的情况，但却很大程度上加速了神经网络的参数学习过程，并且不会丢失太多准确率。

对比批量梯度下降法，假设从一批训练样本 n 中随机选取一个样本 i_s。模型参数为 W，代价函数为 $J(W)$，梯度为 $\Delta J(W)$，学习率为 η_t，则使用随机梯度下降法更新参数表达式为：

$$W_{t+1} = W_t - \eta_t g_t$$

其中，$g_t = \Delta J_{i_s}(W_t; X^{(i_s)}; X^{(i_s)})$，$i_s \in 1, 2, \cdots, n$ 表示随机选择的一个梯度方向，W_t 表示 t 时刻的模型参数。$E(g_t) = \Delta J(W_t)$，这里虽然引入了随机性和噪声，但期望仍然等于正确的梯度下降。

算法优点：虽然 SGD 需要走很多步的样子，但是对梯度的要求很低（计算梯度快）。而对于引入噪声，大量的理论和实践工作证明，只要噪声不是特别大，SGD 都能很好地收敛。应用大型数据集时，训练速度很快。比如每次从百万数据样本中取几百个数据点，计算一个 SGD 梯度，更新一下模型参数。相比于标准梯度下降法的遍历全部样本，每输入一个样本更新一次参数，要快得多。

算法缺点：SGD 在随机选择梯度的同时会引入噪声，使得权值更新的方向不一定正确。此外，SGD 也没能单独克服局部最优解的问题。

3.4.3 标准动量优化算法

Momentum 算法则将动量运用到神经网络的优化中，用累计的动量来替代真正的梯度，计算负梯度的"加权移动平均"来作为参数的更新方向，其参数更新表达式为：

$$\Delta \theta_t = \rho \Delta \theta_{t-1} - \alpha g_t$$

其中 ρ 为动量因子，通常设为 0.9，α 为学习率。

这样，每个参数的实际更新差值取决于最近一段时间内梯度的加权平均值，当某个参数在最近一段时间内的梯度方向不一致时，其真实的参数更新幅度变小；相反，当在最近一段时间内的梯度方向都一致时，其真实的参数更新幅度变大，起到加速作用，相比 SGD，能更快地到达最优。

动量主要解决 SGD 的两个问题：一是随机梯度的方法（引入的噪声）；二是 Hessian 矩阵病态问题（可以理解为 SGD 在收敛过程中和正确梯度相比来回摆动比较大的问题）。

简单理解：由于当前权值的改变会受到上一次权值改变的影响，类似于小球向下滚动的时候带上了惯性。这样可以加快小球向下滚动的速度。

3.4.4　AdaGrad 算法

在标准的梯度下降算法中，每个参数在每次迭代时都使用相同的学习率，AdaGrad 算法则改变了这一传统思想，由于每个参数维度上收敛速度都不相同，因此根据不同参数的收敛情况分别设置学习率。AdaGrad 算法借鉴正则化思想，每次迭代时自适应地调整每个参数的学习率，在进行第 t 次迭代时，先计算每个参数梯度平方的累计值，其表达式为：

$$G_t = \sum_{i=1}^{t} g_i \odot g_i$$

其中 $\odot$ 为按元素乘积，g_t 是第 t 次迭代时的梯度。然后计算参数的更新差值，表达式为：

$$\Delta \theta_t = -\frac{\alpha}{\sqrt{G_t + \varepsilon}} \odot g_t$$

其中 α 是初始的学习率，ε 是为了保持数值稳定性而设置的非常小的常数。

在 AdaGrad 算法中，如果某个参数的偏导数累积比较大，其学习率相对较小；相反，如果其偏导数累积较小，其学习率相对较大。但整体是随着迭代次数的增加，学习率逐渐缩小。

3.4.5　RMSProp 算法

RMSProp 算法对 AdaGrad 算法进行了改进，在 AdaGrad 算法中，由于学习率逐渐减小，在经过一定次数的迭代依然没有找到最优点时，便很难再继续找到最优点，RMSProp 算法则可在有些情况下避免这种缺点。

RMSProp 算法首先计算每次迭代梯度 g_t 平方的指数衰减移动平均:

$$G_t = \beta G_{t-1} + (1 - \beta)g_t \odot g_t$$

其中 β 为衰减率,然后用和 AdaGrad 同样的方法计算参数更新差值。从表达式中可以看出,RMSProp 算法的每个学习参数的衰减趋势既可以变小又可以变大。

RMSProp 算法在经验上已经被证明是一种有效且实用的深度神经网络优化算法,目前它是深度学习从业者经常采用的优化方法之一。

3.4.6　Adam 算法

Adam 算法即自适应动量估计算法,是 Momentum 算法和 RMSProp 算法的结合,不但使用动量作为参数更新方向,而且可以自适应调整学习率。Adam 算法一方面计算梯度平方的指数加权平均(和 RMSProp 算法类似),另一方面计算梯度的指数加权平均(和 Momentum 算法类似),其表达式为:

$$M_t = \beta M_{t-1} + (1 - \beta_1)g_t$$

$$G_t = \beta G_{t-1} + (1 - \beta_2)g_t \odot g_t$$

其中 β_1 和 β_2 分别为两个移动平均的衰减率,Adam 算法的参数更新差值为:

$$\Delta\theta_t = -\frac{\alpha}{\sqrt{G_t + \varepsilon}} \odot M_t$$

Adam 算法集合了 Momentum 算法和 RMSProp 算法的优点,因此相比之下,Adam 能更快、更好地找到最优点,迅速收敛。

3.5　动手练习:PyTorch 优化器比较

为了让读者更好地理解和使用深度学习中的优化器,本节介绍 PyTorch 优化器的应用案例。

1. 说明

PyTorch 中的优化器较多,读者可能不知道如何选择,本例通过模型比较 PyTorch 中的 SGD、Momentum、AdaGrad、RMSProp、Adam 五种主要优化器的优劣,从而有助于选择合适的优化器。

2. 步骤

步骤 01　导入相关第三方库，代码如下：

```
import torch
import torch.nn
import torch.utils.data as Data
import matplotlib
import matplotlib.pyplot as plt
matplotlib.rcParams['font.sans-serif'] = ['SimHei']
```

步骤 02　准备建模数据，代码如下：

```
x = torch.unsqueeze(torch.linspace(-1, 1, 500), dim=1)
y = x.pow(3)
```

步骤 03　设置超参数，代码如下：

```
LR = 0.01
batch_size = 15
epoches = 5
torch.manual_seed(10)
```

步骤 04　设置数据加载器，代码如下：

```
dataset = Data.TensorDataset(x, y)
loader = Data.DataLoader(
    dataset=dataset,
    batch_size=batch_size,
    shuffle=True,
    num_workers=2)
```

步骤 05　搭建神经网络框架，代码如下：

```
class Net(torch.nn.Module):
    def __init__(self, n_input, n_hidden, n_output):
        super(Net, self).__init__()
        self.hidden_layer = torch.nn.Linear(n_input, n_hidden)
        self.output_layer = torch.nn.Linear(n_hidden, n_output)
```

```
    def forward(self, input):
        x = torch.relu(self.hidden_layer(input))
        output = self.output_layer(x)
        return output
```

步骤 06　训练模型并输出折线图，代码如下：

```
def train():
    net_SGD = Net(1, 10, 1)
    net_Momentum = Net(1, 10, 1)
    net_AdaGrad = Net(1, 10, 1)
    net_RMSprop = Net(1, 10, 1)
    net_Adam = Net(1, 10, 1)
    nets = [net_SGD, net_Momentum, net_AdaGrad, net_RMSprop, net_Adam]

    #定义优化器
    optimizer_SGD = torch.optim.SGD(net_SGD.parameters(), lr=LR)
    optimizer_Momentum = torch.optim.SGD(net_Momentum.parameters(),
lr=LR, momentum=0.6)
    optimizer_AdaGrad = torch.optim.Adagrad(net_AdaGrad.parameters(),
lr=LR, lr_decay=0)
    optimizer_RMSprop = torch.optim.RMSprop(net_RMSprop.parameters(),
lr=LR, alpha=0.9)
    optimizer_Adam = torch.optim.Adam(net_Adam.parameters(), lr=LR,
betas=(0.9, 0.99))
    optimizers = [optimizer_SGD, optimizer_Momentum, optimizer_AdaGrad,
optimizer_RMSprop, optimizer_Adam]

    #定义损失函数
    loss_function = torch.nn.MSELoss()
    losses = [[], [], [], [], []]

    for epoch in range(epoches):
        for step, (batch_x, batch_y) in enumerate(loader):
            for net, optimizer, loss_list in zip(nets, optimizers, losses):
                pred_y = net(batch_x)
                loss = loss_function(pred_y, batch_y)
                optimizer.zero_grad()
                loss.backward()
```

```
        optimizer.step()
        loss_list.append(loss.data.numpy())

    plt.figure(figsize=(12,7))
    labels = ['SGD', 'Momentum', 'AdaGrad', 'RMSprop', 'Adam']
    for i, loss in enumerate(losses):
        plt.plot(loss, label=labels[i])
    plt.legend(loc='upper right',fontsize=15)
    plt.tick_params(labelsize=13)
    plt.xlabel('训练步骤',size=15)
    plt.ylabel('模型损失',size=15)
    plt.ylim((0, 0.3))
    plt.show()

if __name__ == "__main__":
    train()
```

3. 小结

本实例比较了 PyTorch 中的主要优化器算法，其中 RMSProp、Momentum 两种优化器的模型损失相对较小，表现最好。

运行模型比较代码，输出的训练步骤和模型损失的折线图如图 3-6 所示。

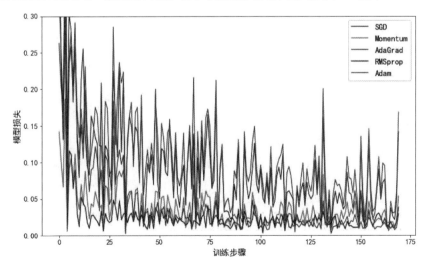

图 3-6　优化器比较

3.6 练习题

练习 1：简述什么是张量，并列举 PyTorch 中几种创建张量的常用方式。

练习 2：简述什么是激活函数，并列举 PyTorch 中几种常用的激活函数。

练习 3：简述什么是损失函数，并列举 PyTorch 中几种常用的损失函数。

练习 4：简述优化器的原理，并列举 PyTorch 建模中几种常用的优化器。

第4章

PyTorch 深度神经网络

深度学习是当下热门的机器学习研究方向，它是使用深层架构的机器学习方法，已经广泛应用于人工智能所涉及的众多领域，例如语音识别、计算机视觉、自然语言、在线广告等，作为深度学习框架的 PyTorch 可以在该领域中大展宏图。本章将介绍 PyTorch 在深度神经网络中的应用。

4.1　神经网络概述

神经网络的概念最初来源于生物学家对大脑神经网络的研究，从中发现其神经元的工作原理，并且从数学角度提出感知器模型，并对其进行抽象化。本节介绍神经网络的基础知识。

4.1.1　神经元模型

神经元模型是 1943 年，由心理学家 Warren McCulloch 和数理逻辑学家 Walter Pitts 在合作的《A logical calculus of the ideas immanent in nervous activity》论文中提出，并给出了人工神经网络的概念及人工神经元的数学模型，从而开创了人工神经网络研究的时代。

在神经网络中，神经元处理单元可以表示不同的对象，例如特征、字母、概念，或者一些有意义的抽象模式。网络中处理单元的类型分为 3 类：输入单元、输出单元和隐单元。输入单元接收外部世界的信号与数据；输出单元实现系统处理结果的输出；隐单元是处在输入和输出单元之间，不能由系统外部观察的单元。神经元间的连接权值反映了单元间的连接强度，信息的表示和处理体现在网络处理单元的连接关系中。

神经网络是一种模仿生物神经网络的结构和功能的数学模型或计算模型，它是由大量的节点（即神经元）和之间的相互连接构成的，每个节点代表一种特定的输出函数，称为激励函数，每两个节点间的连接都代表一个对于通过该连接信号的加权值，称之为权重。神经元是神经网络的基本元素，如图 4-1 所示。

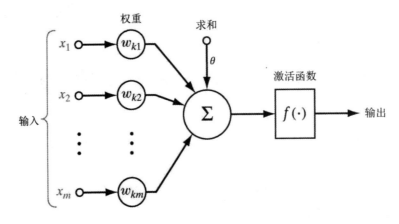

图 4-1　神经元

图中是 $x_1 \cdots x_n$ 从其他神经元传来的输入信号，w_{ij} 表示从神经元 j 到神经元 i 的连接权值，θ 表示一个阈值，或称为偏置，则神经元 i 的输出与输入的关系表示为：

$$net_i = \sum_{j=1}^{n} w_{ij} x_j - \theta$$

$$y_i = f(net_i)$$

其中 y_i 表示神经元 i 的输出，函数 f 称为激活函数，net_i 称为净激活。若将阈值看成是神经元 i 的一个输入 x_0 的权重 w_{i0}，则上面的式子可以简化为：

$$net_i = \sum_{j=0}^{n} w_{ij} x_j$$

$$y_i = f(net_i)$$

若用 X 表示输入向量，用 W 表示权重向量，即：$X = [x_0, x_1, \cdots, x_n]$

$$W = \begin{bmatrix} w_{i0} \\ w_{i1} \\ w_{i2} \\ \vdots \\ w_{in} \end{bmatrix}$$

则神经元的输出可以表示为向量相乘的形式：

$$\text{net}_i = XW$$

$$y_i = f(\text{net}_i) = f(XW)$$

如果神经元的净激活为正，则称该神经元处于激活状态或兴奋状态，如果净激活为负，则称该神经元处于抑制状态。

4.1.2　多层感知器

多层感知器是一种前向结构的人工神经网络，映射一组输入向量到一组输出向量。MLP可以认为是一个有向图，由多个节点层组成，每一层全连接到下一层。除了输入节点外，每个节点都是一个带有非线性激活函数的神经元（或称处理单元）。

一种被称为反向传播算法的监督学习方法常被用来训练 MLP，MLP 是感知器的推广，克服了感知器不能对线性不可分数据进行识别的弱点。若每个神经元的激活函数都是线性函数，则任意层数的 MLP 都可以被简化成一个等价的单层感知器。

实际上，MLP 本身可以使用任何形式的激活函数，譬如阶梯函数或逻辑 S 形函数（Logistic Sigmoid Function），但为了使用反向传播算法进行有效学习，激活函数必须限制为可微函数。由于具有良好的可微性，很多 S 形函数，尤其是双曲正切函数（Hyperbolic Tangent）及逻辑 S 形函数，被采用为激活函数。

常被 MLP 用来进行学习的反向传播算法在模式识别的领域中是标准监督学习算法，并在计算神经学及并行分布式处理领域中持续成为被研究的课题。MLP 已被证明是一种通用的函数近似方法，可以被用来拟合复杂的函数，或解决分类问题。

MLP 在 80 年代的时候曾是相当流行的机器学习方法，拥有广泛的应用场景，譬如语音识别、图像识别、机器翻译等，但自 90 年代以来，MLP 遇到来自更为简单的支持向量机的强劲竞争。由于深层学习的成功，MLP 又重新得到了关注。

多层感知器模型如图 4-2 所示。

隐藏层神经元的作用是从样本中提取样本数据中的内在规律模式并保存起来，隐藏层每个神经元与输入层都有边相连，隐藏层将输入数据加权求和，并通过非线性映射作为输出层的输入，通过对输入层的组合加权及映射找出输入数据的相关模式，而且这个过程是通过误差反向传播自动完成的。

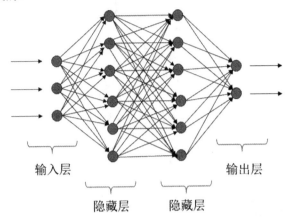

输入层   输出层

隐藏层 隐藏层

图 4-2 多层感知器模型

当隐藏层节点太少的时候，能够提取以及保存的模式较少，获得的模式不足以概括样本的所有有效信息，得不到样本的特定规律，导致识别同样模式新样本的能力较差，学习能力较差。

当隐藏层节点个数过多时，学习时间变长，神经网络的学习能力较强，能学习较多输入数据之间的隐含模式。但是一般来说，输入数据之间与输出数据相关的模式个数未知，当学习能力过强时，有可能把训练输入样本与输出数据无关的非规律性模式学习进来，而这些非规律性模式往往大部分是一些样本噪声，这种情况叫作过拟合（Over Fitting）。过拟合是记住了过多和特定样本相关的信息，当新来样本含有相关模式但是很多细节并不相同时，预测性能并不是太好，降低了泛化能力。这种情况的表现往往是在训练数据集上误差极小，测试数据集上误差较大。

具体隐藏层神经元个数的多少取决于样本中蕴含规律的个数以及复杂程度，而样本蕴含规律个数往往和样本数量有关系。确定网络隐藏层参数的一个办法是将隐藏层个数设置为超参，使用验证集验证，选择在验证集中误差最小的作为神经网络的隐藏层节点个数。还有就是通过简单的经验设置公式来确定隐藏层神经元个数：

$$l = \sqrt{m+n} + \alpha$$

其中，l 是隐藏层节点个数，m 是输入层节点个数，n 是输出层节点个数，α 一般是 1~10 的常数。

4.1.3　前馈神经网络

不同的人工神经网络有着不同网络连接的拓扑结构，比较直接的拓扑结构是前馈网络，它是最早提出的多层人工神经网络。在前馈神经网络中，每一个神经元分别属于不同的层，每一层神经元可以接收前一层神经元的信号，并产生信号输出到下一层神经元。第 0 层神经元叫输入层，最后一层神经元叫输出层，其他处于中间层次的神经元叫隐藏层。

在前馈神经网络（Fecdforward Neural Network，FNN）中，每一层的神经元可以接收前一层神经元的信号，并产生信号输出到下一层。整个网络中无反馈，信号从输入层向输出层单向传播。

前馈神经网络通过下面的公式进行信息传播：

$$z^{(l)} = W^{(l)} \cdot a^{(l-1)} + b^{(l)}$$

$$a^{(l)} = f_l\big(z^{(l)}\big)$$

其中：

- L：表示神经网络的层数。
- $m^{(l)}$：表示第 l 层神经元的个数。
- $f_l(\cdot)$：表示 l 层神经元的激活函数。
- $W^{(l)} \in R^{m^{(l)} \times m^{(l-1)}}$：表示 $l-1$ 层到第 l 层的权重矩阵。
- $b^{(l)} \in R^{m^{(l)}}$：表示 $l-1$ 层到第 l 层的偏置。
- $z^{(l)} \in R^{m^{(l)}}$：表示 l 层神经元的净输入。
- $a^{(l)} \in R^{m^{(l)}}$：表示 l 层神经元的输出。

这样前馈神经网络通过逐层的信息传递得到网络最后的输出。整个网络可以看为一个复合函数，将向量 X 作为第 1 层的输入 $a^{(0)}$，将第 L 层的输出 $a^{(L)}$ 作为整个函数的输出。

$$a^{(L)} = \varphi(X, W, b)$$

4.2　卷积神经网络

卷积神经网络（Convolutional Neural Network，CNN）是一类包含卷积计算且具有深度结构的前馈神经网络，它是深度学习框架中的代表算法之一。本节介绍卷积神经网络的基础知识。

4.2.1 卷积神经网络的历史

卷积神经网络最早可以追溯到 1943 年，心理学家 Warren 和数理逻辑学家 Walter 在论文中第一次提出神经元的概念，通过一个简单的数学模型将神经反应简化为信号输入、求和、线性激活及输出，具有开创性意义；1958 年，神经学家 Frank 通过机器模拟了人类的感知能力，这就是最初的"感知器"，同时他在当时的 IBM704 型电子数字计算机上完成了感知器的仿真，能够对三角形和四边形进行分类，这是神经元概念提出后第一次成功的实验，验证了神经元概念的可行性。以上是神经元发展的第一阶段。第一代神经网络由于结构单一，仅能解决线性问题。此外，认知的限制也使得神经网络的研究止步于此。

第二代卷积神经网络出现于 1985 年，Geoffrey Hinton 在神经网络中使用多个隐含层进行权重变换，同时提出了误差反向传播（Backpropagation，BP）算法，求解各隐含层的网络参数，优点是理论基础牢固、通用性好，不足之处在于网络收敛速度慢，容易出现局部极小的问题；1988 年，Wei Zhang 提出了平移不变人工神经网络（Shift-Invariant Artificial Neural Network，SIANN），将其应用于医学图像检测领域；1989 年，LeCun 构建了应用于计算机视觉问题的卷积神经网络，也就是 LeNet 的早期版本，包含两个卷积层、两个全连接层，共计 6 万多个参数，结构上与现代的卷积神经网络模型结构相似，而且开创性地提出了"卷积"这一概念，卷积神经网络因此得名。1998 年，LeCun 构建了更加完备的卷积神经网络 LeNet-5，并将其应用于手写字体识别，在原有 LeNet 的基础上加入了池化层，模型在 Mnist 数据集上的识别准确率达到了 98%以上，但由于当时不具备大规模计算能力的硬件条件，因此卷积神经网络的发展并没有引起足够的重视。

第三代卷积神经网络兴起于 2006 年，统称为深度学习，分为两个阶段，2006 至 2012 年为快速发展期，2012 至今为爆发期，训练数据量越大，卷积神经网络准确率越高，同时随着具备大规模计算能力 GPU 的应用，模型的训练时间大大缩短，深度卷积神经网络的发展是必然的趋势。2006 年，Hintont 提出了包含多个隐含层的深度置信网络（Deep Belief Network，DBN），取得了十分好的训练效果，DBN 的成功实验拉开了卷积神经网络百花齐放的序幕：自 2012 年 AlexNet 取得 ImageNet 视觉挑战赛的冠军，几乎每年都有新的卷积神经网络产生，诸如 ZFNet、VGGNet、GoogLeNet、ResNet 以及 DPRSNet 等，都取得了很好的效果。

4.2.2 卷积神经网络的结构

卷积神经网络中隐含层低层中的卷积层与池化层交替连接，构成了卷积神经网络的核心模块，高层由全连接层构成。

1. 卷积层

卷积层用于提取输入的特征信息，由若干卷积单元组成，每个卷积单元的参数都是通过反向传播算法优化得到的，通过感受野（Filter）对输入图片进行有规律地移动，并与所对应的区域做卷积运算提取特征。低层卷积只能提取到低级特征，如边缘、线条等；高层卷积可以提取更深层的特征。

卷积层参数包括感受野大小、步长（Stride）和边界填充（Padding），三者共同决定了卷积层输出特征图的尺寸大小；感受野大小小于输入图片尺寸，感受野越大，可提取的特征越复杂；步长定义了感受野扫过相邻区域时的位置距离；边界填充是在特征图周围进行填充，避免输出特征丢失过多边缘信息的方法，Pad 值代表填充层数。

2. 激活函数层

卷积运算提取到的图像特征是线性的，但真正的样本往往是非线性的，为此引入了非线性函数来解决。激活函数使得每个像素点可以用 0~1 的任何数值来代表，以模拟更为细微的变化。激活函数一般具有非线性、连续可微、单调性等特性。比较常用的激活函数有 Sigmod 函数、Tanh 函数以及 ReLU 函数。

3. 池化层

池化层的作用为压缩特征图、提取主要特征、简化网络计算的复杂度。池化方式一般有两种：均值池化与最大池化，如图 4-3 所示。

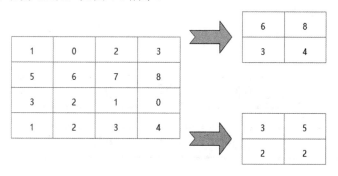

图 4-3　池化操作

图 4-3 中采用一个 2×2 的感受野，步长为 2，边界填充为 0。最大池化即在 2×2 的区域中寻找最大值；均值池化则是求每一个 2×2 区域中的平均值，得到主要特征。一般常用的感

受野取值为 2，步长为 2，池化操作将特征图缩小，有可能影响网络的准确度，但可以通过增加网络深度来弥补。

4. 全连接层

全连接层位于卷积神经网络的最后，给出最后的分类结果。在全连接层中，特征会失去空间结构，展开为特征向量，并把由前面层级所提取到的特征进行非线性组合，得到输出，可用公式表示：

$$f(x) = W * x + b$$

其中，x 为全连接层的输入，W 为权重系数，b 为偏置。全连接层连接所有特征输出至输出层，对于图像分类问题，输出层使用逻辑函数或归一化指数函数输出分类标签。在图像识别问题中，输出层输出为物体的中心坐标、大小和分类。在语义分割中，则直接输出每个像素的分类结果。

4.2.3 卷积神经网络的类型

1. AlexNet

AlexNet 神经网络赢得了 2012 年 ILSVRC（ImageNet 大规模视觉识别挑战赛）的冠军。2012 年是 CNN 首次实现 Top5 误差率 15.4%的一年（Top5 误差率是指给定一张图像，其标签不在模型认为最有可能的 5 个结果中的概率），第二名使用传统识别方法得到的误差率为 26.2%。卷积神经网络在这次比赛的表现震惊了整个计算机视觉界，奠定了卷积神经网络在计算机视觉领域的绝对地位。

AlexNet 包含 6 亿 3 千万个连接、6000 万个参数和 65 万个神经元，网络结构如图 4-4 所示。

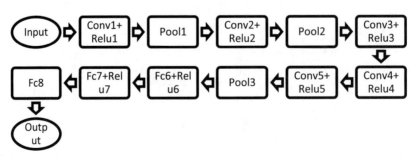

图 4-4 AlexNet 网络结构

AlexNet 的成功除了深层次的网络结构外，还有以下几点：首先，采用 ReLU 作为激活函数，避免了梯度耗散问题，提高了网络训练的速度；其次，通过平移、翻转等扩充训练集，避免产生过拟合；最后提出并采用了 LRN（Local Response Normalization，局部响应归一化处理），利用临近的数据做归一化处理技术，提高深度学习训练时的准确度；除此之外，AlexNet 使用 GPU 处理训练时所产生的大量矩阵运算，提升了网络的训练效率。

2. VGGNet

VGGNet 是牛津大学与 Google DeepMind 公司的研究员一起合作开发的卷积神经网络，2014 年取得了 ILSVRC 比赛分类项目的亚军和识别项目的冠军。VGGNet 探索了网络深度与其性能的关系，通过构筑 16~19 层深的卷积神经网络，Top5 误差率为 7.5%，在整个卷积神经网络中，全部采用 3×3 的卷积核与 2×2 的池化核，网络结构如图 4-5 所示。

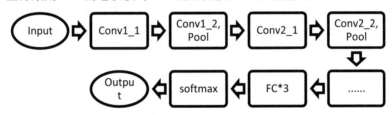

图 4-5　VGGNet 网络结构

VGGNet 包含很多级别的网络，深度从 11 层到 19 层不等，常用的是 VGG-16 和 VGG-19。VGGNet 把网络分成了 5 段，每段都把多个 3×3 的网络串联在一起，每段卷积后接一个最大池化层，最后是 3 个全连接层和一个 Softmax 层。

VGGNet 有两个创新点：

1）通过网络分段增加网络深度，采用多层小卷积代替一层大卷积，两个 3×3 的卷积核相当于 5×5 的感受野，3 个相当于 7×7 的感受野。优势在于：首先包含 3 个 ReLU 层，增加了非线性操作，对特征的学习能力更强；其次减少了参数，使用 3×3 的 3 个卷积层需要 $27×n$ 个参数，使用 7×7 的一个卷积层需要 $7×7×n=49×n$ 个参数。

2）在训练过程中采用多尺度和交替训练的方式，同时对一些层进行预训练，使得 VGGNet 能够在较少的周期内收敛，减轻了神经网络训练时间过长的问题。不足之处在于使用 3 个全连接层，参数过多导致内存占用过大，耗费过多的计算资源。VGGNet 是重要的神经网络，它强调了卷积网络深度的增加对于性能的提升有着重要的意义。

3. GoogLeNet

GoogLeNet 是由谷歌的研究院提出的卷积神经网络，获得了 2014 年的 ILSVRC 比赛分类任务的冠军，Top5 误差率仅为 6.656%。GoogLeNet 的网络共有 22 层，但参数仅有 700 万个，比之前的网络模型都少很多。一般来说，提升网络性能最直接的办法就是增加网络深度，随之增加的还有网络中的参数，但过量的参数容易产生过拟合，也会增大计算量。GoogLeNet 采用稀疏连接解决这种问题，为此提出了 Inception 的结构，如图 4-6 所示。

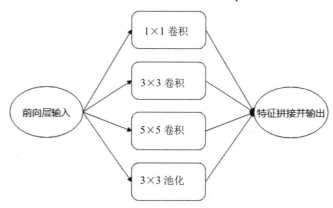

图 4-6　GoogLeNet 网络结构

在 Inception 结构中，同时采用 1×1、3×3、5×5 卷积核是为了将卷积后的特征保持一致，以便于融合，stride=1，padding 分别为 0、1、2，卷积后就可以得到相同维度的特征，最后进行拼接，将不同尺度的特征进行融合，使得网络可以更好地提取特征。

在整个网络中，越靠后提取到的特征也越抽象，每个特征所对应的感受野也随之增大。因此，随着层数的增加，3×3、5×5 卷积核的比例也要随之增加，这样会带来巨大的参数计算，为此 GoogLeNet 有过诸多改进版本，GoogLeNet Inception V2、V3 以及 V4，通过增加 Batch Normalization、在卷积之前采用 1×1 卷积降低纬度、将 $n×n$ 的卷积核替换为 $1×n$ 和 $n×1$ 等方法降低网络参数，提升网络性能。

4. ResNet

ResNet 于 2015 年被提出，获得了 ILSVRC 比赛的冠军，ResNet 的网络结构有 152 层，但 Top5 错误率仅为 3.57%，之前的网络都很少有超过 25 层的，这是因为随着神经网络深度的增加，模型准确率会先上升，然后达到饱和，如果持续增加深度，准确率会下降。随着层数的增多，会出现梯度爆炸或衰减现象，梯度会随着连乘变得不稳定，数值会特别大或者特别小，因此网络性能会变得越来越差。ResNet 通过在网络结构中引入残差网络来解决此类问题，残差网络结构如图 4-7 所示。

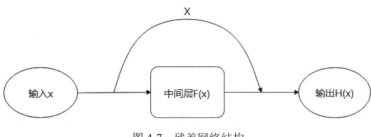

图 4-7　残差网络结构

很明显，残差网络是跳跃结构，残差项原本是带权重的，但 ResNet 用恒等映射代替了它。在图 4-7 中，输入为 x，期望输出为 $H(x)$，通过捷径连接的方式将 x 传到输出作为初始结果，输出为 $H(x)=F(x)+x$，当 $F(x)=0$ 时，$H(x)=x$。于是，ResNet 相当于将学习目标改变为目标值 $H(x)$ 和 x 的差值，也就是所谓的残差 $F(x)=H(x)-x$，因此，后面的训练目标就是将残差结果逼近于 0。ResNet 通过提出残差学习将残差网络作为卷积神经网络的基本结构，通过恒等映射来解决因网络模型层数过多导致的梯度爆炸或衰减问题，可以最大限度地加深网络，并得到非常好的分类效果。

4.3　几种常见的循环神经网络

循环神经网络（Recurrent Neural Network，RNN）又称递归神经网络，它是常规前馈神经网络（Feedforward Neural Network，FNN）的扩展。本节介绍几种常见的循环神经网络。

4.3.1　循环神经网络

在传统的神经网络模型中，都是从输入层经过隐藏层，再到输出层，每一层之间的节点都是没有连接的，它们之间没有保存任何状态信息。与此相反，RNN 遍历所有序列的元素，每个当前层的输出都与前面层的输出有关，也就是每个层之间的节点是连接的，会将前面层的状态信息保留下来。理论上，RNN 应该可以处理任意长度的序列数据，但为了降低一定的复杂度，实践中通常只会选取与前面的几个状态有关的信息。首先简单地介绍 RNN 的原理，如图 4-8 所示。

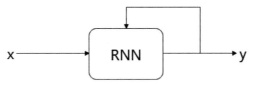

图 4-8　简单 RNN

图 4-8 中的神经网络由一个神经元组成，*x* 是输入，*y* 是输出，中间有一个箭头表示数据循环更新的是隐藏层，这个就是它实现时间记忆功能的方法。神经网络输入 *x* 并产生输出 *y*，最后将输出的结果反馈回去。假设在一个时间 *t* 内，神经网络的输入除了来自输入层的 *x(t)* 外，还有上一时刻的输出 *y(t-1)*，两者共同输入产生当前层的输出 *y(t)*。我们还可以将这个神经网络按照时间序列形式展开，如图 4-9 所示。

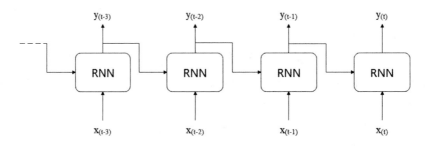

图 4-9　循环神经元

每个神经元的输出都是根据当前的输入 *x(t)* 和上一时刻的输出 *y(t-1)* 共同决定的。它们所对应的权重是 W_x 和 W_y，那么，单个神经元的输出计算如下：

$$y_t = \emptyset(x_t^\mathrm{T} \cdot W_x + y_{t-1}^\mathrm{T} \cdot W_y + b)$$

如果将中间的隐藏层展开，就会得到如图 4-10 所示的结果。

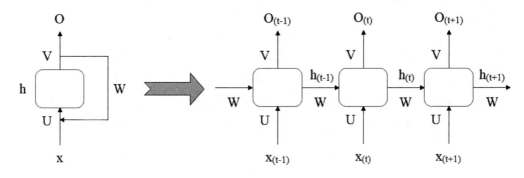

图 4-10　隐藏层的层级展开

通常，一个 RNN 单元在时间 t 的状态记作 h_t。U 表示此刻输入的权重，W 表示前一次输出的权重，V 表示此刻输出的权重。在 $t=1$ 时刻，一般 h_0 表示初始状态为 0，随机初始化 U、W 和 V 的值，使用下面的公式计算：

$$h_1 = f(Ux_1 + Wh_0 + b_h)$$
$$O_1 = g(Vh_1 + b_o)$$

其中，f 和 g 均为激活函数，即那些光滑的曲线函数（非线性函数），f 可以是 Sigmoid、ReLU、Tanh 等激活函数，g 通常是 Softmax 损失函数，b_h 是隐藏层的偏置项，b_o 是输出层的偏置项。前向传播算法在这里就是按照时间 t 向前推进的，此时的隐藏状态 h_1 是参与到下一个时间的预测过程的，即：

$$h_2 = f(Ux_2 + Wh_1 + b_h)$$
$$O_2 = g(Vh_2 + b_o)$$

基于上述公式，以此类推，可得到最终的输出公式为：

$$h_t = f(Ux_t + Wh_{t-1} + b_h)$$
$$O_t = g(Vh_t + b_o)$$

权重共享可以减少运算，使得模型泛化，可以处理连续序列数据的特征，而且不限定序列的长度，仍然能够识别出连续序列在样本中的位置，但不是学习每个位置的规则。这样它不仅能够抓住不同特征之间的连续性，还能减少学习规则。因此，基于权重共享的思想，这里出现的 W、U、V 以及偏置项都是相等的。前面介绍了关于 RNN 网络的基本内容，虽然它处理时间序列问题的效果很好，但是简单的 RNN 网络通常过于简化，仍然存在着一些问题，比如在理论上它应该能够记住更多之前的信息，并可以处理任意长度的序列数据，但实际上却不能形成这种长期记忆，这就是梯度消失问题的一种。梯度消失问题主要是由 BP 算法和长时间依赖两种原因造成的，而 RNN 中产生的梯度爆炸问题属于后者，由于时间过长而造成记忆值较小的现象。梯度消失问题主要发生在前馈神经网络（也就是非循环网络）中，随着网络层数的增加，网络最终会变得无法训练。

如果从导数角度来讲，梯度消失就是对激活函数求导，若导数值小于 1，则随着网络层数的增多，最终的梯度更新将以指数形式衰减。然而也存在一些反例，比如对激活函数求导，如果导数值大于 1，那么随着层数的增大，最终求出的梯度更新将以指数形式增大，导致网络不稳定，使得算法无法收敛。这就是 RNN 存在的另一种问题——梯度爆炸。对于这些存在的问题，研究者提出了很多改进的算法，常见的主要有两种：LSTM 和 GRU。

4.3.2　长短期记忆网络

为了解决梯度消失等问题，Hochreiter 等人提出了新的 RNN 架构——长短期记忆（Long Short-Term Memory，LSTM）算法，之后 Alex Graves、HasIMSak 和 Wojciech Zaremba 等人逐步改进了该模型。一个基本的 LSTM 单元结构如图 4-11 所示。

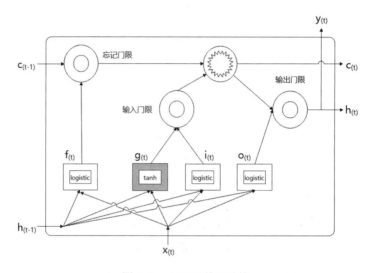

图 4-11　LSTM 单元结构

图 4-11 中间有 4 个矩形是普通神经网络的隐藏层结构。其中，第一、三和四个激活函数都是 Logistic 函数，第二个激活函数是 Tanh 函数。LSTM 单元状态分为长时记忆和短时记忆，其中短时记忆用向量 $h(t)$ 表示，长时记忆用 $c(t)$ 表示。LSTM 单元结构中还有 3 个门限控制器：忘记门限、输入门限和输出门限。忘记门限主要用 $f(t)$ 控制着那些长时记忆应该被丢弃或者被遗忘，因此也被称为遗忘门。

输入门限主要由 $i(t)$ 和 $g(t)$ 两部分组成，其中 $i(t)$ 用来控制 $g(t)$ 那些可以用来增加记忆的部分。输出门限主要是由 $o(t)$ 来控制那些长时记忆应该在该时刻被读取和输出的部分。3 个门限控制器都使用了可以输出 0~1 范围的 Logistic 函数，如果输出的值是 1，则表示门限打开，反之表示门限关闭。此外，主层 $g(t)$ 的主要作用是分析当前输入 $x(t)$ 和前一个时期状态 $h(t-1)$。

LSTM 单元的基本流程为：随着短时记忆 $c(t-1)$ 从左到右横穿整个网络，它首先经过一个遗忘门，丢弃一些记忆，然后通过输入门限来选择增加一些新记忆，最后直接输出 $c(t)$。此外，在增加记忆这部分操作中，长时记忆是先经过 Tanh 函数，然后被输出门限过滤，产生短时记忆 $h(t)$。总之，LSTM 可以识别重要的输入（输入门限的作用），并将这些信息在长时记忆中存储下来，通过遗忘门保留需要的部分，以及在需要的时候能够提取它。这也是它能够非常方便地处理各种时间序列数据（如文字、语音等）的原因。

以下公式总结了上述关于 LSTM 单元结构中的 3 个门限控制器、两种状态以及输出：

$$i_{(t)} = \sigma(w_{xi}^{T} \cdot x_{(t)} + w_{hi}^{T} \cdot h_{(t-1)} + b_i)$$
$$f_{(t)} = \sigma(w_{xf}^{T} \cdot x_{(t)} + w_{hf}^{T} \cdot h_{(t-1)} + b_f)$$
$$o_{(t)} = \sigma(w_{xo}^{T} \cdot x_{(t)} + w_{ho}^{T} \cdot h_{(t-1)} + b_o)$$
$$g_{(t)} = \tanh(w_{xg}^{T} \cdot x_{(t)} + w_{hg}^{T} \cdot h_{(t-1)} + b_g)$$
$$c_{(t)} = f_{(t)} \otimes c_{(t-1)} + i_{(t)} \otimes g_{(t)}$$
$$y_{(t)} = h_{(t)} = o_{(t)} \otimes \tanh(c_{(t)})$$

其中，w_{xi}、w_{xf}、w_{xo} 和 w_{xg} 是每一层连接到输入 $x(t)$ 的权重，w_{hi}、w_{hf}、w_{ho} 和 w_{hg} 是每一层连接到前一个短时记忆 $h(t-1)$ 的权重，b_i、b_f、b_o 和 b_g 是每一层的偏置项。

4.3.3　门控循环单元

Kyunghyun Cho 等人在 LSTM 单元结构的基础上提出了一种新的变体，它的工作原理和 LSTM 相同。这种结构被称为门循环单元（Gated Recurrent Unit，GRU）。GRU 较 LSTM 单元的结构更加简单，而且效果也很好，是当前非常流行的一种网络结构。GRU 可以解决 RNN 网络中的长依赖问题和反向传播中的梯度等问题，具体的循环结构如图 4-12 所示。

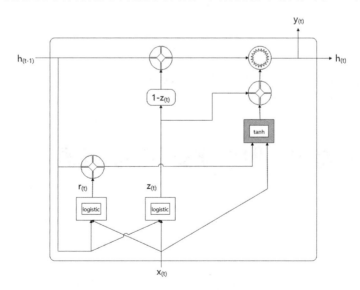

图 4-12　GRU 单元结构

在图 4-12 中,激活函数由 LSTM 中的 4 个变成了 3 个,两个状态向量合并成了一个 $h(t)$。LSTM 单元结构中存在 3 个门限控制器:输入门限、忘记门限和输出门限,这 3 个门函数分别控制着输入值、记忆值和输出值,但在 GRU 单元结构中没有输出门限,只有两个门:重置门和更新门。重置门由 $r(t)$ 负责,用于控制前一时刻的状态信息有哪些部分是可以显示给主层。重置门的值越小,写入的状态信息就越少。更新门由 $z(t)$ 负责,用于控制前一时刻的状态信息被带入当前状态的程度。更新门的值越大,带入的前一时刻的状态信息就越多。

GRU 单元的基本流程为:首先,通过前一个时刻传输下来的隐藏状态 $h(t-1)$ 和当前时刻的输入 $x(t)$ 来获取两个门控状态,即重置门 $r(t)$ 和更新门 $z(t)$。这两个门函数都使用 Logistic 或 Sigmoid 函数,通过这个函数可以得到 0~1 范围的输出值,主要用来充当门控信号。

得到门控信号之后,先使用 $r(t)$ 得到"重置"后的数据,再将其与输入向量 $x(t)$ 进行拼接,通过一个 Tanh 函数将数据缩放到[-1,1]的范围。最关键的是"更新记忆"阶段,这个阶段主要进行遗忘和记忆,相当于 LSTM 中的忘记门限和输入门限。我们使用先前得到的更新门控 $z(t)$,这里的门控信号越接近 1,表示记忆下来的数据就越多,反之则表示遗忘的越多。从图 4-12 中可以看出,之后经过处理,将遗忘 $z(t)$ 和选择 $(1-z(t))$ 联动,对于传递进来的维度信息,会选择性遗忘,则遗忘了多少权重再通过 $(1-z(t))$ 进行弥补,以此来保持一种"恒定"的状态。下面展示 GRU 单元结构的计算过程:

$$z_{(t)} = \sigma(w_{xz}^T \cdot x_{(t)} + w_{hz}^T \cdot h_{(t-1)})$$
$$r_{(t)} = \sigma(w_{xr}^T \cdot x_{(t)} + w_{hr}^T \cdot h_{(t-1)})$$
$$g_{(t)} = \tanh(w_{xg}^T \cdot x_{(t)} + w_{hg}^T \cdot (r_{(t)} \otimes h_{(t-1)}))$$
$$h_{(t)} = (1 - z_{(t)}) \otimes \tanh(w_{xg}^T \cdot h_{(t-1)} + z_{(t)} \otimes g_{(t)})$$

其中,w_{xz}、w_{xr} 和 w_{xg} 是每一层连接到输入 $x(t)$ 的权重,w_{hz}、w_{hr} 和 w_{hg} 是每一层连接到前一个短时记忆 $h(t-1)$ 的权重。

4.4 动手练习:股票成交量趋势预测

为了使读者更好地理解PyTorch在深度神经网络中的应用,本节来介绍一个实际应用案例。

1. 说明

本例使用长短期记忆神经网络模型对上海证券交易所工商银行的股票成交量做一个趋

势预测，这样可以更好地掌握股票买卖点，从而提高自己的收益率。

2. 步骤

具体操作步骤如下：

步骤 01　导入相关第三方库，代码如下：

```python
import torch
import torch.nn as nn
import torch.optim as optim
import numpy as np
import tushare as ts
from tqdm import tqdm
import matplotlib.pyplot as plt
from copy import deepcopy as copy
from torch.utils.data import DataLoader, TensorDataset
```

步骤 02　获取数据，这里通过 tushare 库获取股票数据。这里使用了开盘价、收盘价、最高价、最低价、成交量这 5 个特征，使用每天的收盘价作为学习目标，每个样本都包含连续几天的数据作为一个序列样本，处理出训练集和测试集，代码如下：

```python
class GetData:
    def __init__(self, stock_id, save_path):
        self.stock_id = stock_id
        self.save_path = save_path
        self.data = None

    def getData(self):
        self.data = ts.get_hist_data(self.stock_id).iloc[::-1]
        self.data = self.data[["open", "close", "high", "low", "volume"]]
        self.close_min = self.data['volume'].min()
        self.close_max = self.data["volume"].max()
        self.data = self.data.apply(lambda x: (x - min(x)) / (max(x) -
min(x)))
        self.data.to_csv(self.save_path)

        return self.data

    def process_data(self, n):
```

```
    if self.data is None:
        self.getData()
    feature = [
        self.data.iloc[i: i + n].values.tolist()
        for i in range(len(self.data) - n + 2)
        if i + n < len(self.data)
    ]
    label = [
        self.data.close.values[i + n]
        for i in range(len(self.data) - n + 2)
        if i + n < len(self.data)
    ]
    train_x = feature[:500]
    test_x = feature[500:]
    train_y = label[:500]
    test_y = label[500:]

    return train_x, test_x, train_y, test_y
```

步骤 03 搭建 LSTM 模型，使用一个单层单向 LSTM 网络，加一个全连接层输出，代码如下：

```
class Model(nn.Module):
    def __init__(self, n):
        super(Model, self).__init__()
        self.lstm_layer = nn.LSTM(input_size=n, hidden_size=256,
batch_first=True)
        self.linear_layer = nn.Linear(in_features=256, out_features=1,
bias=True)

    def forward(self, x):
        out1, (h_n, h_c) = self.lstm_layer(x)
        a, b, c = h_n.shape
        out2 = self.linear_layer(h_n.reshape(a*b, c))
        return out2
```

步骤 04 训练模型，计算损失 loss、损失 backward、优化器 step，代码如下：

```
def train_model(epoch, train_dataLoader, test_dataLoader):
    best_model = None
    train_loss = 0
    test_loss = 0
    best_loss = 100
    epoch_cnt = 0
    for _ in range(epoch):
        total_train_loss = 0
        total_train_num = 0
        total_test_loss = 0
        total_test_num = 0
        for x, y in tqdm(train_dataLoader,desc='Epoch: {}| Train Loss: {}|
Test Loss: {}'.format(_, train_loss, test_loss)):
            x_num = len(x)
            p = model(x)
            # print(len(p[0]))
            loss = loss_func(p, y)
            optimizer.zero_grad()
            loss.backward()
            optimizer.step()
            total_train_loss += loss.item()
            total_train_num += x_num
        train_loss = total_train_loss / total_train_num
        for x, y in test_dataLoader:
            x_num = len(x)
            p = model(x)
            loss = loss_func(p, y)
            optimizer.zero_grad()
            loss.backward()
            optimizer.step()
            total_test_loss += loss.item()
            total_test_num += x_num
        test_loss = total_test_loss / total_test_num

        if best_loss > test_loss:
            best_loss = test_loss
            best_model = copy(model)
            epoch_cnt = 0
```

```
    else:
        epoch_cnt += 1

    if epoch_cnt > early_stop:
        torch.save(best_model.state_dict(), './lstm_.pth')
        break
```

步骤 05 测试模型，使用测试集对模型进行测试，代码如下：

```
def test_model(test_dataLoader_):
    pred = []
    label = []
    model_ = Model(5)
    model_.load_state_dict(torch.load("./lstm_.pth"))
    model_.eval()
    total_test_loss = 0
    total_test_num = 0
    for x, y in test_dataLoader_:
        x_num = len(x)
        p = model_(x)
        loss = loss_func(p, y)
        total_test_loss += loss.item()
        total_test_num += x_num
        pred.extend(p.data.squeeze(1).tolist())
        label.extend(y.tolist())
    test_loss = total_test_loss / total_test_num

    return pred, label, test_loss
```

步骤 06 绘制折线图，绘制股票日成交量的折线图，并输出模型测试集的损失，代码如下：

```
def plot_img(data, pred):
    plt.rcParams['font.sans-serif'] = ['SimHei']
    plt.figure(figsize=(12, 7))
    plt.plot(range(len(pred)), pred, color='green')
    plt.plot(range(len(data)), data, color='blue')
    for i in range(0, len(pred)-3, 5):
        price = [data[i]+pred[j]-pred[i] for j in range(i, i+3)]
```

```
        plt.plot(range(i, i+3), price, color='red')
    plt.xticks(fontproperties = 'Times New Roman', size = 15)
    plt.yticks(fontproperties = 'Times New Roman', size = 15)
    plt.xlabel('日期', fontsize=18)
    plt.ylabel('成交量', fontsize=18)
    plt.show()

if __name__ == '__main__':
    #超参数
    days_num = 5
    epoch = 20
    fea = 5
    batch_size = 20
    early_stop = 5

    #初始化模型
    model = Model(fea)

    #数据处理
    GD = GetData(stock_id='601398', save_path='./data.csv')
    x_train, x_test, y_train, y_test = GD.process_data(days_num)
    x_train = torch.tensor(x_train).float()
    x_test = torch.tensor(x_test).float()
    y_train = torch.tensor(y_train).float()
    y_test = torch.tensor(y_test).float()
    train_data = TensorDataset(x_train, y_train)
    train_dataLoader = DataLoader(train_data, batch_size=batch_size)
    test_data = TensorDataset(x_test, y_test)
    test_dataLoader = DataLoader(test_data, batch_size=batch_size)

    #损失函数、优化器
    loss_func = nn.MSELoss()
    optimizer = optim.Adam(model.parameters(), lr=0.001)
    train_model(epoch, train_dataLoader, test_dataLoader)
    p, y, test_loss = test_model(test_dataLoader)

    #绘制折线图
    pred=[ele * (GD.close_max - GD.close_min) + GD.close_min for ele in p]
```

```
data=[ele * (GD.close_max - GD.close_min) + GD.close_min for ele in y]
plot_img(data, pred)

#输出模型损失
print('模型损失: ',test_loss)
```

3. 小结

通过本实例可以绘制上海证券交易所的工商银行股票在 2021 年的成交量趋势，如图 4-13 所示，呈现先上升后下降再上升的波动走势。

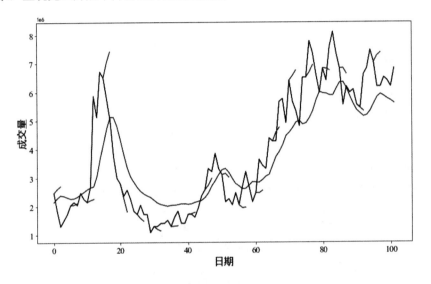

图 4-13　成交量趋势分析

输出的长短期记忆神经网络模型的损失较小，说明模型精度较高，基本达到了可以预测成交量的预期。

模型损失：0.0008264706451811042。

4.5　练习题

练习 1：简述神经网络中的神经元模型和前馈神经网络模型。

练习 2：简述什么是卷积神经网络，及其结构和主要类型。

练习 3：简述循环神经网络模型和长短期记忆网络模型的结构。

第 5 章

PyTorch 数据建模

数据建模即数值挖掘，对于数值型数据，它从大量数据中寻找其规律，分为数据准备、规律寻找和规律表示 3 个步骤。数据准备是从相关的数据源中选取所需的数据并整合成用于数据挖掘的数据集，规律寻找是用某种方法将数据集所含的规律找出来，规律表示是尽可能以用户可理解的方式将找出的规律表示出来。本章介绍 PyTorch 在数值建模中的应用。

5.1 回归分析及案例

回归分析是研究一个变量（被解释变量）与另一个或几个变量（解释变量）的具体依赖关系的计算方法和理论。本节介绍使用 PyTorch 进行回归分析。

5.1.1 回归分析简介

回归分析就是从一组样本数据出发，确定变量之间的数学关系式，并对这些关系式的可信程度进行各种统计检验，从影响某一特定变量的诸多变量中找出哪些变量的影响显著，哪些不显著。利用所求的关系式，根据一个或几个变量的取值来预测或控制另一个特定变量的取值，同时给出这种预测或控制的精确程度。

线性回归主要用来解决连续性数值预测的问题，它目前在经济、金融、社会、医疗等领域都有广泛的应用。

例如，我们要研究有关吸烟对死亡率和发病率影响的早期证据来自采用了回归分析的观察性研究。为了在分析观测数据时减少伪相关，除最感兴趣的变量之外，通常研究人员还会在他们的回归模型中包括一些额外变量。例如，假设有一个回归模型，在这个回归模型中，吸烟行为是我们最感兴趣的独立变量，其相关变量是经数年观察得到的吸烟者寿命。

研究人员可能将社会经济地位当成一个额外的独立变量，以确保任何经观察所得的吸烟对寿命的影响不是由于教育或收入差异引起的。然而，我们不可能把所有可能混淆结果的变量都加入实证分析中。例如，某种不存在的基因可能会增加人死亡的概率，还会让人的吸烟量增加。因此，比起采用观察数据的回归分析得出的结论，随机对照试验常能产生更令人信服的因果关系证据。

此外，回归分析还在以下诸多方面得到了很好的应用：

- 客户需求预测：通过海量的买家和卖家交易数据等对未来商品的需求进行预测。
- 电影票房预测：通过历史票房数据、影评数据等公众数据对电影票房进行预测。
- 湖泊面积预测：通过研究湖泊面积变化的多种影响因素构建湖泊面积预测模型。
- 房地产价格预测：利用相关历史数据分析影响商品房价格的因素并进行模型预测。
- 股价波动预测：公司在搜索引擎中的搜索量代表了该股票被投资者关注的程度。
- 人口增长预测：通过历史数据分析影响人口增长的因素，对未来人口数进行预测。

5.1.2 回归分析建模

线性回归（Linear Regression）是利用回归方程（函数）对一个或多个自变量（特征值）和因变量（目标值）之间的关系进行建模的一种分析方式。线性回归就是用一条直线较为精确地描述数据之间的关系。这样当出现新的数据的时候，就能够预测出一个简单的值。线性回归中常见的就是房屋面积和房价的预测问题。只有一个自变量的情况称为一元回归，大于一个自变量的情况称为多元回归。

多元线性回归模型是日常工作中应用频繁的模型，公式如下：

$$y = \beta_0 + \beta_1 x_1 + \beta_2 x_2 + \cdots + \beta_k x_k + \varepsilon$$

其中，$x_1 \cdots x_k$ 是自变量，y 是因变量，β_0 是截距，$\beta_1 \cdots \beta_k$ 是变量回归系数，ε 是误差项的随机变量。

对于误差项有如下几个假设条件：

- 误差项 ε 是一个期望为0的随机变量。
- 对于自变量的所有值，ε 的方差都相同。
- 误差项 ε 是一个服从正态分布的随机变量，且相互独立。

如果想让我们的预测值尽量准确，就必须让真实值与预测值的差值最小，即让误差平方和最小，用公式来表达如下，具体推导过程可参考相关的资料。

$$J(\beta) = \sum (y - X\beta)^2$$

损失函数只是一种策略，有了策略，我们还要用适合的算法进行求解。在线性回归模型中，求解损失函数就是求与自变量相对应的各个回归系数和截距。有了这些参数，我们才能实现模型的预测（输入 x，给出 y）。

对于误差平方和损失函数的求解方法有很多，典型的如最小二乘法、梯度下降法等。因此，通过以上的异同点，总结如下：

最小二乘法的特点：

● 得到的是全局最优解，因为一步到位，直接求极值，所以步骤简单。
● 线性回归的模型假设，这是最小二乘方法的优越性前提，否则不能推出最小二乘是最佳（方差最小）的无偏估计。

梯度下降法的特点：

● 得到的是局部最优解，因为是一步一步迭代的，而非直接求得极值。
● 既可以用于线性模型，又可以用于非线性模型，没有特殊的限制和假设条件。
● 在回归分析过程中，还需要进行线性回归诊断，回归诊断是对回归分析中的假设以及数据的检验与分析，主要的衡量值是判定系数和估计标准误差。

1. 判定系数

回归直线与各观测点的接近程度成为回归直线对数据的拟合优度。而评判直线拟合优度需要一些指标，其中一个就是判定系数。

我们知道，因变量 y 值有来自两个方面的影响：

● 来自 x 值的影响，也就是我们预测的主要依据。
● 来自无法预测的干扰项 ε 的影响。

如果一个回归直线预测得非常准确，它就需要让来自 x 的影响尽可能大，而让来自无法预测干扰项的影响尽可能小，也就是说 x 的影响占比越高，预测效果就越好。下面我们来看如何定义这些影响，并形成指标。

$$SST = \sum (y_i - \bar{y})^2$$

$$\text{SSR} = \sum (\hat{y}_i - \bar{y})^2$$

$$\text{SSE} = \sum (y_i - \hat{y})^2$$

- SST（总平方和）：误差的总平方和。
- SSR（回归平方和）：由x与y之间的线性关系引起的y的变化，反映了回归值的分散程度。
- SSE（残差平方和）：除x影响之外的其他因素引起的y的变化，反映了观测值偏离回归直线的程度。

总平方和、回归平方和、残差平方和三者之间的关系如图 5-1 所示。

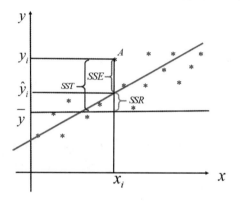

图 5-1　线性回归

它们之间的关系是：SSR 越高，则代表回归预测越准确，观测点越靠近直线，即越大，直线拟合越好。因此，判定系数的定义就自然地引出来了，我们一般称为 R^2。

$$R^2 = \frac{\text{SSR}}{\text{SST}} = 1 - \frac{\text{SSE}}{\text{SST}}$$

2. 估计标准误差

判定系数 R^2 的意义是由 x 引起的影响占总影响的比例来判断拟合程度的。当然，我们也可以从误差的角度去评估，也就是用残差 SSE 进行判断。估计标准误差是均方残差的平方根，可以度量实际观测点在直线周围散布的情况。

$$S_\varepsilon = \sqrt{\frac{\text{SSE}}{n-2}} = \sqrt{\text{MSE}}$$

估计标准误差与判定系数相反，S_ε 反映了预测值与真实值之间误差的大小。误差越小，就说明拟合度越高；相反，误差越大，就说明拟合度越低。

5.1.3　动手练习：住房价格回归预测

1. 说明

本例利用深度学习的方法对某地的房价进行预测，销售者根据预测的结果选择适合自己的房屋。

这里我们仅仅研究部分住房价格影响因素，如房屋的面积、户型、类型、配套设施、地理位置等，具体如表 5-1 所示。

表 5-1　住房价格影响因素

字段名称	字段说明
Id	住房编号
Area	房屋面积
Shape	房屋户型
Style	房屋类型
Utilities	配套设施，如通不通水电气
Neighborhood	地理位置
Price	销售价格

2. 步骤

具体操作步骤如下：

步骤01　导入相关第三方库，代码如下：

```
import torch
import numpy as np
import pandas as pd
from torch.utils.data import DataLoader,TensorDataset
import time
strat = time.perf_counter()
```

步骤02　读取训练数据和测试数据，代码如下：

```
o_train = pd.read_csv('./回归分析/train.csv')
o_test = pd.read_csv('./回归分析/test.csv')
```

步骤03　合并数据集，代码如下：

```
    all_features =
pd.concat((o_train.loc[:,'Area':'Neighborhood'],o_test.loc
[:,'Area':'Neighborhood']))
    all_labels = pd.concat((o_train.loc[:,'Price'],o_test.loc[:,'Price']))
```

步骤 04 数据预处理代码，代码如下：

```
    numeric_feats = all_features.dtypes[all_features.dtypes !=
"object"].index
    object_feats = all_features.dtypes[all_features.dtypes ==
"object"].index
    all_features[numeric_feats] = all_features[numeric_feats].apply(lambda
x: (x - x.mean()) / (x.std()))
    all_features = pd.get_dummies(all_features,prefix=object_feats,
dummy_na=True)
    all_features = all_features.fillna(all_features.mean())
```

步骤 05 数据类型转换，数组转换成张量，代码如下：

```
    train_features = torch.from_numpy(train_features)
    train_labels = torch.from_numpy(train_labels).unsqueeze(1)
    test_features = torch.from_numpy(test_features)
    test_labels = torch.from_numpy(test_labels).unsqueeze(1)
    train_set = TensorDataset(train_features,train_labels)
    test_set = TensorDataset(test_features,test_labels)
```

步骤 06 设置数据迭代器，代码如下：

```
    train_data = DataLoader(dataset=train_set,batch_size=64,shuffle=True)
    test_data  = DataLoader(dataset=test_set,batch_size=64,shuffle=False)
```

步骤 07 设置网络结构，代码如下：

```
class Net(torch.nn.Module):
    def __init__(self, n_feature, n_output):
        super(Net, self).__init__()
        self.layer1 = torch.nn.Linear(n_feature, 600)
        self.layer2 = torch.nn.Linear(600, 1200)
        self.layer3 = torch.nn.Linear(1200, n_output)
```

```python
    def forward(self, x):
        x = self.layer1(x)
        x = torch.relu(x)
        x = self.layer2(x)
        x = torch.relu(x)
        x = self.layer3(x)
        return x
net = Net(44,1)

optimizer = torch.optim.Adam(net.parameters(), lr=1e-4)
criterion = torch.nn.MSELoss()

losses = []
eval_losses = []

for i in range(100):
    train_loss = 0
    # train_acc = 0
    net.train()
    for tdata,tlabel in train_data:
        y_ = net(tdata)
        loss = criterion(y_, tlabel)
        optimizer.zero_grad()
        loss.backward()
        optimizer.step()
        train_loss = train_loss + loss.item()

    losses.append(train_loss / len(train_data))

    eval_loss = 0
    net.eval()
    for edata, elabel in test_data:
        y_ = net(edata)
```

```
        loss = criterion(y_, elabel)
        eval_loss = eval_loss + loss.item()
    eval_losses.append(eval_loss / len(test_data))

    print('训练次数：{}，训练集损失：{}，测试集损失：{}'.format(i, train_loss
/ len(train_data), eval_loss / len(test_data)))
```

步骤 08 模型评估与预测，代码如下：

```
y_ = net(test_features)
y_pre = y_ * std + mean
print('测试集预测值：',y_pre.squeeze().detach().cpu().numpy())
print('模型平均误差：',abs(y_pre - (test_labels*std +
mean)).mean().cpu().item() )
end =time.perf_counter()
print('模型运行时间：',end - strat)
```

3. 小结

本实例通过回归分析对某城市的房价进行了预测。

运行建模步骤中的代码，模型的输出如下：

测试集预测值：[12131.775 17357.338 20287.695 18685.883 18266.16 12643.363
13423.217

 10104.598 27613.428]

模型平均误差：4383.65234375

模型运行时间：19.38353670000015

从结果可以看出，模型的平均误差约为 4384 元，由于数据集较小，虽然使用了 CPU 进行建模，但是模型的运行时间也较快，约为 19.38 秒。

5.2　聚类分析及案例

聚类分析是一种探索性的分析，在分类的过程中，人们不必事先给出一个分类的标准，聚类分析能够从样本数据出发，自动进行分类。本节介绍使用 PyTorch 进行聚类分析及其案例。

5.2.1　聚类分析简介

聚类分析是根据事物本身的特性研究个体的一种方法，目的在于将相似的事物归类。它的原则是同一类中的个体有较大的相似性，不同类别之间的个体差异性很大。聚类算法的特征如下：

- 适用于没有先验知识的分类。如果没有这些事先的经验或一些国际标准、国内标准、行业标准，分类便会显得随意和主观。这时只要设定比较完善的分类变量，就可以通过聚类分析法得到较为科学合理的类别。
- 可以处理多个变量决定的分类。例如，根据消费者购买量的大小进行分类比较容易，但如果在进行数据挖掘时，要求根据消费者的购买量、家庭收入、家庭支出、年龄等多个指标进行分类，通常比较复杂，而聚类分析法可以解决这类问题。
- 是一种探索性分析方法，能够分析事物的内在特点和规律，并根据相似性原则对事物进行分组，是数据挖掘中常用的一种技术。

聚类分析被应用于很多方面，在商业上，聚类分析被用来发现不同的客户群，并且通过购买模式刻画不同的客户群特征；在西北领域，聚类分析被用来对动植物进行分类和对基因进行分类，获取对种群固有结构的认识；在保险行业上，聚类分析通过一个高的平均消费来鉴定汽车保险单持有者的分组，同时根据住宅类型、价值、地理位置来鉴定一个城市的房产分组；在互联网应用上，聚类分析被用来在网上进行文档归类来修复信息。

5.2.2　聚类分析建模

一般聚类分析的建模步骤如下：

（1）数据预处理

数据预处理包括选择数量、类型和特征的标度，它依靠特征选择和特征抽取：特征选择是选择重要的特征，特征抽取是把输入的特征转化为一个新的显著特征，它们经常被用来获取一个合适的特征集来为避免"维数灾"进行聚类。数据预处理还包括将孤立点移出数据，孤立点是不依附于一般数据行为或模型的数据，因此孤立点经常会导致有偏差的聚类结果，为了得到正确的聚类，我们必须将它们剔除。

（2）为衡量数据点间的相似度定义一个距离函数

既然相似性是定义一个类的基础，那么不同数据之间在同一个特征空间相似度的衡量对于聚类步骤是很重要的，由于特征类型和特征标度的多样性，距离度量必须谨慎，它经常依赖于应用。例如，通常通过定义在特征空间的距离度量来评估不同对象的相异性，很多距离度量都应用在一些不同的领域，一个简单的距离度量，如欧氏距离，经常被用作反映不同数据间的相异性。

常用来衡量数据点间的相似度的距离有海明距离、欧氏距离、马氏距离等，公式如下：

海明距离：

$$d(x_i, x_j) = \sum_{k=1}^{m} |x_{ik} - x_{jk}|$$

欧氏距离：

$$d(x_i, x_j) = \sqrt{\sum_{k=1}^{m} (x_{ik} - x_{jk})^2}$$

马氏距离：

$$d(x_i, x_j) = \sqrt{(x_i - x_j)^{\mathrm{T}} \Sigma^{-1} (x_i - x_j)}$$

（3）聚类或分组

将数据对象分到不同的类中是一个很重要的步骤，数据基于不同的方法被分到不同的类中。划分方法和层次方法是聚类分析的两个主要方法。划分方法一般从初始划分和最优化一个聚类标准开始，主要方法包括：

- Crisp Clustering：它的每个数据都属于单独的类。
- Fuzzy Clustering：它的每个数据都可能在任何一个类中。

Crisp Clustering 和 Fuzzy Clustering 是划分方法的两个主要技术，划分方法聚类是基于某个标准产生一个嵌套的划分系列，它可以度量不同类之间的相似性或一个类的可分离性，用来合并和分裂类。其他的聚类方法还包括基于密度的聚类、基于模型的聚类、基于网格的聚类。

（4）评估输出

评估聚类结果的质量是另一个重要的阶段，聚类是一个无管理的程序，也没有客观的标准来评价聚类结果，它是通过一个类的有效索引来评价的。一般来说，几何性质，包括类之间的分离和类自身内部的耦合一般都用来评价聚类结果的质量。

K-Means 聚类算法是比较常用的聚类算法，容易理解和实现相应功能的代码，如图 5-2 所示。

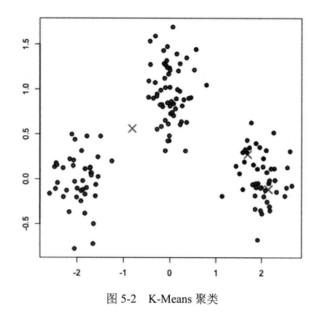

图 5-2 K-Means 聚类

首先，我们要确定聚类的数量，并随机初始化它们各自的中心点，如图 5-2 中的 "×"，然后通过算法实现最优。K-Means 算法的逻辑如下：

1）通过计算当前点与每个类别的中心之间的距离，对每个数据点进行分类，然后归到与之距离最近的类别中。

2）基于迭代后的结果，计算每一类内全部点的坐标平均值（即质心），作为新类别的中心。

3）迭代重复以上步骤，或者直到类别的中心点坐标在迭代前后变化不大。

K-Means 的优点是模型执行速度较快，因为我们真正要做的就是计算点和类别的中心之间的距离，因此，它具有线性复杂性 $o(n)$。另一方面，K-Means 有两个缺点：一个是先确定聚类的簇数量，另一个是随机选择初始聚类中心点坐标。

5.2.3 动手练习：植物花卉特征聚类

1. 说明

本例根据花瓣长度、花瓣宽度、花萼长度、花萼宽度 4 个特征进行聚类分析。数据集内包含 3 类共 150 条记录，每类各 50 个数据。

本例中使用了 kmeans_pytorch 包中的 K-Means 算法实现聚类分析，因此首先需要安装该第三方包。

2. 步骤

具体操作步骤如下：

步骤01 导入相关第三方库，代码如下：

```
import torch
import numpy as np
import pandas as pd
import matplotlib.pyplot as plt
from kmeans_pytorch import kmeans
from torch.autograd import Variable
import torch.nn.functional as F
```

步骤02 设置运行环境，代码如下：

```
if torch.cuda.is_available():
    device = torch.device('cuda:0')
else:
    device = torch.device('cpu')
```

步骤03 读取数据源，代码如下：

```
plant = pd.read_csv("./聚类分析/plant.csv")
plant_d = plant[['Sepal_Length', 'Sepal_Width', 'Petal_Length',
'Petal_Width']]
plant['target'] = plant['Species']
x = torch.from_numpy(np.array(plant_d))
y = torch.from_numpy(np.array(plant.target))
```

步骤04 设置聚类模型，代码如下：

```
#设置聚类数
num_clusters = 3

#设置聚类模型
cluster_ids_x, cluster_centers = kmeans(
    X=x, num_clusters=num_clusters, distance='euclidean',
device=device)

#输出聚类ID和聚类中心点
```

```
print(cluster_ids_x)
print(cluster_centers)
```

步骤 05　绘制聚类后的散点图，代码如下：

```
plt.figure(figsize=(4, 3), dpi=160)
plt.scatter(x[:, 0], x[:, 1], c=cluster_ids_x, cmap='cool', marker="D")
plt.scatter(
    cluster_centers[:, 0], cluster_centers[:, 1],
    c='white',
    alpha=0.6,
    edgecolors='black',
    linewidths=2
)
plt.tight_layout()
plt.show()
```

3. 小结

本实例通过花瓣长度、花瓣宽度、花萼长度、花萼宽度 4 个特征对植物花卉进行分类。
运行建模步骤中的代码，模型的聚类结果如下：

```
tensor([2,2,2,2,2,2,2,2,2,2,2,2,2,2,2,2,2,2,2,2,2,2,2,2,
2,2,2,2,2,2,2,2,2,2,2,2,2,2,2,2,2,2,2,2,2,2,2,2,
2,2,1,1,0,1,1,1,1,1,1,1,1,1,1,1,1,1,1,1,1,1,1,1,
1,1,1,1,1,0,1,1,1,1,1,1,1,1,1,1,1,1,1,1,1,1,1,1,
1,1,1,1,0,1,0,0,0,0,1,0,0,0,0,0,0,1,1,0,0,0,0,1,
0,1,0,1,0,0,1,1,0,0,0,0,0,1,0,0,0,0,1,0,0,0,1,0,
0,0,1,0,0,1])
```

聚类分析的聚类中心点如下：

```
tensor([[6.8500, 3.0737, 5.7421, 2.0711],
        [5.9016, 2.7484, 4.3935, 1.4339],
        [5.0060, 3.4280, 1.4620, 0.2460]])
```

带聚类中心点的聚类散点图如图 5-3 所示。

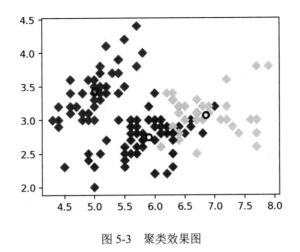

图 5-3 聚类效果图

5.3 主成分分析及案例

主成分分析是一个线性变换，它把数据变换到一个新的坐标系统中，使得任何数据投影的第一大方差在第一主成分上，第二大方差在第二主成分上，以此类推。本节介绍使用PyTorch 进行主成分分析。

5.3.1 主成分分析简介

在统计分析中，为了全面、系统地分析问题，我们必须考虑众多影响因素。这些涉及的因素一般称为指标，在多元统计分析中也称为变量。因为每个变量都在不同程度上反映了所研究问题的某些信息，并且指标之间彼此有一定的相关性，因而所得的统计数据反映的信息在一定程度上有重叠。在用统计方法研究多变量问题时，变量太多会增加计算量和增加分析问题的复杂性，人们希望在进行定量分析的过程中，涉及的变量较少，得到的信息量较多。主成分分析正是适应这一要求产生的，是解决这类问题的理想工具。

主成分分析经常用来减少数据集的维数，同时保持数据集对方差贡献最大的特征。这是通过保留低阶主成分、忽略高阶主成分做到的。这样低阶成分往往能够保留数据最重要的方面。

例如，在对科普书籍开发和利用这一问题的评估中，涉及科普创作人数、科普作品发行量、科普产业化（科普示范基地数）等多项指标。经过对数据进行主成分分析，最后确定几个主成分作为综合评价科普书籍利用和开发的综合指标，变量数减少，并达到一定的可信度，就容易进行科普效果的评估。

5.3.2　主成分分析建模

主成分分析是将多个变量通过线性变换以选出较少重要变量的一种多元统计分析方法。主成分分析的思想是将原来众多具有一定相关性的变量重新组合成一组新的互相无关的综合指标来代替原来的指标。它借助一个正交变换，将其分量相关的原随机向量转化成其分量不相关的新随机向量，这在代数上表现为将原随机向量的协方差阵变换成对角形阵，在几何上表现为将原坐标系变换成新的正交坐标系，使之指向样本点散布最开的 p 个正交方向，然后对多维变量系统进行降维处理。方差较大的几个新变量就能综合反映原多个变量所包含的主要信息，并且也包含自身特殊的含义。主成分分析的数学模型为：

$$z_1 = u_{11}X_1 + u_{12}X_2 + \cdots + u_{1p}X_p$$

$$z_2 = u_{21}X_1 + u_{22}X_2 + \cdots + u_{2p}X_p$$

$$\vdots$$

$$z_p = u_{p1}X_1 + u_{p2}X_2 + \cdots + u_{pp}X_p$$

其中，$z_1, z_2, \cdots, z_p$ 为 p 个主成分。

主成分分析的建模步骤如下：

步骤 01　对原有变量进行坐标变换，可得：

$$z_1 = u_{11}x_1 + u_{21}x_2 + \cdots + u_{p1}x_p$$

$$z_2 = u_{12}x_1 + u_{22}x_2 + \cdots + u_{p2}x_p$$

$$\vdots$$

$$z_p = u_{1p}x_1 + u_{2p}x_2 + \cdots + u_{pp}x_p$$

其中，参数需要满足如下条件：

$$u_{1k}^2 + u_{2k}^2 + \cdots + u_{pk}^2 = 1$$

$$\mathrm{var}(z_i) = U_i^2 D(x) = U_i' D(x) U_i$$

$$\mathrm{cov}(z_i, z_j) = U_i' D(x) U_j$$

步骤 02 提取主成分。

z_1 称为第一主成分，满足如下条件：

$$u_1'u_1 = 1$$

$$\text{var}(z_1) = \max \text{var}(u'x)$$

z_2 称为第二主成分，满足如下条件：

$$\text{cov}(z_1, z_2) = 0$$

$$u_2'u_2 = 1$$

$$\text{var}(z_2) = \max \text{var}(U'X)$$

其余主成分以此类推。

5.3.3 动手练习：地区竞争力指标降维

1. 说明

衡量我国各省市综合发展情况的一些数据，数据来源于《中国统计年鉴》。数据表中选取了 6 个指标，分别是人均 GDP、固定资产投资、社会消费品零售总额、农村人均纯收入等。下面将利用因子分析来提取公共因子，分析衡量发展因素的指标。本例的原始数据如表 5-2 所示。

表 5-2 地区竞争力数据

id	x_1	x_2	x_3	x_4	y
1	10265	30.81	6235	3223	2
2	8164	49.13	4929	2406	2
3	3376	77.76	3921	1668	0
4	2819	33.97	3305	1206	0
5	3013	54.51	2863	1208	1
6	6103	124.02	3706	1756	1
7	3703	28.65	3174	1609	1
8	4427	48.51	3375	1766	1
...	...	...	...	...	...

2. 步骤

步骤 **01**　导入相关库，代码如下：

```
import torch
import numpy as np
import pandas as pd
import matplotlib.pyplot as plt
from sklearn.decomposition import PCA
from torch.autograd import Variable
import torch.nn.functional as F
```

步骤 **02**　读取数据，代码如下：

```
region = pd.read_csv("./主成分分析/region.csv")
region_d = region[['x1', 'x2', 'x3', 'x4']]
region['target'] = region['y']
```

步骤 **03**　变量特征降维，代码如下：

```
transfer_1 = PCA(n_components=2)
region_d = transfer_1.fit_transform(region_d)
x = torch.from_numpy(region_d)
y =torch.from_numpy(np.array(region.target))
x, y = Variable(x), Variable(y)
```

步骤 **04**　设置网络结构，代码如下：

```
net =torch.nn.Sequential(
    torch.nn.Linear(2, 10),
    torch.nn.ReLU(),
    torch.nn.Linear(10, 3),
    )
print(net)
```

步骤 **05**　设置优化器，随机梯度下降，代码如下：

```
optimizer = torch.optim.SGD(net.parameters(), lr=0.00001)
loss_func = torch.nn.CrossEntropyLoss()
```

步骤 **06**　训练模型，并进行可视化，代码如下：

```
for t in range(100):
    out = net(x.float())
    loss = loss_func(out, y.long())

    optimizer.zero_grad()
    loss.backward()
    optimizer.step()

    if t % 25 == 0:
        plt.cla()
        prediction = torch.max(out, 1)[1]
        pred_y = prediction.data.numpy()
        target_y = y.data.numpy()
        plt.scatter(x.data.numpy()[:, 0], x.data.numpy()[:, 1], c=pred_y,
s=100, lw=5, cmap='coolwarm')
        accuracy = float((pred_y == target_y).astype(int).sum()) /
float(target_y.size)
        print('Accuracy=%.2f' % accuracy)
        plt.pause(0.1)

    plt.show()
```

步骤 **07** 保存网络及其参数，代码如下：

```
torch.save(net, './主成分分析/net.pkl')
torch.save(net.state_dict(), './主成分分析/net_params.pkl')
```

3. 小结

输出的网络结构如下：

```
Sequential(
  (0): Linear(in_features=2, out_features=10, bias=True)
  (1): ReLU()
  (2): Linear(in_features=10, out_features=3, bias=True)
)
```

当准确率为 0.17 时，如图 5-4 所示。

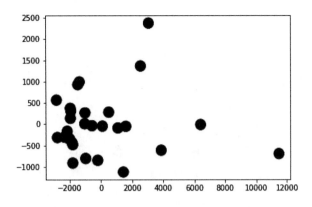

图 5-4　准确率为 0.17

当准确率为 0.48 时，如图 5-5 所示。

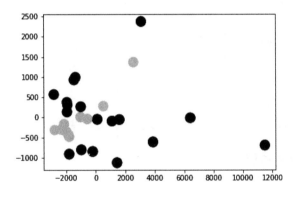

图 5-5　准确率为 0.48

当准确率为 0.62 时，如图 5-6 所示。

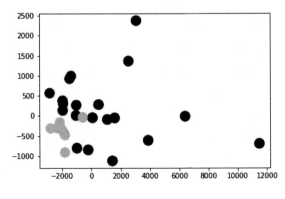

图 5-6　准确率为 0.62

当准确率为 0.69 时，如图 5-7 所示。

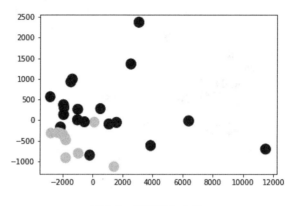

图 5-7　准确率为 0.69

5.4 模型评估与调优

当我们建立好相关模型以后，怎么评价建立的模型好坏，以及优化建立的模型呢？本节介绍的就是机器学习的模型评估与超参数调优的方法及其案例。

5.4.1 模型评估方法

1. 混淆矩阵

在机器学习中，正样本就是使模型得出正确结论的例子，负样本就是使模型得出错误结论的例子。比如要从一张猫和狗的图片中检测出狗，那么狗就是正样本，猫就是负样本；反过来，如果想从中检测出猫，那么猫就是正样本，狗就是负样本。

混淆矩阵是机器学习中统计分类模型预测结果的表，它以矩阵形式将数据集中的记录按照真实的类别与分类模型预测的类别进行汇总，其中矩阵的行表示真实值，矩阵的列表示模型的预测值。

下面举一个例子，建立一个二分类的混淆矩阵，假如宠物店有 10 只动物，其中 6 只狗、4 只猫，现在有一个分类器将这 10 只动物进行分类，分类结果为 5 只狗、5 只猫，那么我们画出分类结果的混淆矩阵，如表 5-3 所示（把狗作为正类）。

表 5-3　混淆矩阵

混淆矩阵		预 测 值	
		正（狗）	负（猫）
真 实 值	正（狗）	5	1
	负（猫）	0	4

通过混淆矩阵可以计算出真实狗的数量（行相加）为 6（5+1），真实猫的数量为 4（0+4），预测值分类得到狗的数量（列相加）为 5（5+0），分类得到猫的数量为 5（1+4）。

下面介绍几个指标。

- TP（True Positive）：被判定为正样本，事实上也是正样本。真的正样本也叫真阳性。
- FN（False Negative）：被判定为负样本，但事实上是正样本。假的负样本也叫假阴性。
- FP（False Positive）：被判定为正样本，但事实上是负样本。假的正样本也叫假阳性。
- TN（True Negative）：被判定为负样本，事实上也是负样本。真的负样本也叫真阴性。

同时，我们不难发现，对于二分类问题，矩阵中的 4 个元素刚好表示 TP、TN、FP、TN 这 4 个指标，如表 5-4 所示。

表 5-4　混淆矩阵

混淆矩阵		预 测 值	
		正（狗）	负（猫）
真 实 值	正（狗）	TP	FN
	负（猫）	FP	TN

2. ROC曲线

ROC 曲线全称是"受试者工作特征"，通常用来衡量一个二分类学习器的好坏。如果一个学习器的 ROC 曲线能将另一个学习器的 ROC 曲线完全包括，则说明该学习器的性能优于另一个学习器。ROC 曲线有一个很好的特性：当测试集中的正负样本的分布变化的时候，ROC 曲线能够保持不变。

ROC 曲线的横轴表示的是 FPR，即错误地预测为正例的概率，纵轴表示的是 TPR，即正确地预测为正例的概率。二者的计算公式如下：

$$\mathrm{FPR} = \frac{FP}{FP + TN} \qquad \mathrm{TPR} = \frac{TP}{TP + FN}$$

3. AUC

AUC 是一个数值，它是 ROC 曲线与坐标轴围成的面积。很明显，TPR 越大，FPR 越小，模型效果就越好，ROC 曲线就越靠近左上角，表明模型效果越好，此时 AUC 值越大，极端情况下为 1。由于 ROC 曲线一般都处于 $y=x$ 直线的上方，所以 AUC 的取值范围一般在 0.5和 1 之间。

使用 AUC 值作为评价标准是因为很多时候 ROC 曲线并不能清晰地说明哪个分类器的效果更好，而作为一个数值，对应 AUC 更大的分类器效果更好。与 F1-Score 不同的是，AUC值并不需要先设定一个阈值。

当然，AUC 值越大，当前的分类算法越有可能将正样本排在负样本前面，即能够更好地分类，可以从 AUC 判断分类器（预测模型）优劣的标准。

- AUC = 1，是完美分类器，采用这个预测模型时，存在至少一个阈值能得出完美预测。绝大多数预测的场合不存在完美分类器。
- 0.5 < AUC < 1，优于随机猜测。这个分类器（模型）妥善设定阈值的话，能有预测价值。
- AUC = 0.5，跟随机猜测一样，模型没有预测价值。
- AUC < 0.5，比随机猜测还差。

4. R平方

判定系数 R 平方，又叫决定系数，是指在线性回归中，回归可解释离差平方和与总离差平方和的比值，其数值等于相关系数 R 的平方。判定系数是一个解释性系数，在回归分析中，其主要作用是评估回归模型对因变量 y 产生变化的解释程度，即判定系数 R 平方是评估回归模型好坏的指标。

R 平方取值范围也为 0~1，通常以百分数表示。比如回归模型的 R 平方等于 0.7，那么表示，此回归模型对预测结果的可解释程度为 70%。

一般认为，R 平方大于 0.75，表示模型拟合度很好，可解释程度较高；R 平方小于 0.5，表示模型拟合有问题，不宜进行回归分析。

在多元回归实际应用中，判定系数 R 平方的最大缺陷是：增加自变量的个数时，判定系数就会增加，即随着自变量的增多，R 平方会越来越大，会显得回归模型精度很高，有较好的拟合效果。而实际上可能并非如此，有些自变量与因变量完全不相关，增加这些自变量并不会提升拟合水平和预测精度。

为了解决这个问题，即避免增加自变量而高估 R 平方，需要对 R 平方进行调整。采用的方法是用样本量 n 和自变量的个数 k 去调整 R 平方，调整后的 R 平方的计算公式如下：

$$1 - (1 - R^2)\frac{(n-1)}{(n-k-1)}$$

从公式可以看出，调整后的 R 平方同时考虑了样本量（n）和回归中自变量的个数（k）的影响，这使得调整后的 R 平方永远小于 R 平方，并且调整后的 R 平方的值不会由于回归中自变量个数的增加而越来越接近 1。

因调整后的 R 平方较 R 平方测算更准确，在回归分析尤其是多元回归中，我们通常使用调整后的 R 平方对回归模型进行精度测算，以评估回归模型的拟合度和效果。

一般认为，在回归分析中，0.5 为调整后的 R 平方的临界值，如果调整后的 R 平方小于 0.5，则要分析我们所采用和未采用的自变量。如果调整后的 R 平方与 R 平方存在明显差异，则意味着所用的自变量不能很好地测算因变量的变化，或者是遗漏了一些可用的自变量。如果调整后的 R 平方与原来的 R 平方之间的差距越大，那么模型的拟合效果就越差。

5. 残差

残差在数理统计中是指实际观察值与估计值（拟合值）之间的差，它蕴含了有关模型基本假设的重要信息。如果回归模型正确的话，我们可以将残差看作是误差的观测值。

通常，回归算法的残差评价指标有均方误差（Mean Squared Error，MSE）、均方根误差（Root Mean Square Error，RMSE）、平均绝对误差（Mean Absolute Error，MAE）3 个。

（1）均方误差

均方误差表示预测值和观测值之间差异（残差平方）的平均值，公式如下：

$$MSE = \frac{1}{m} \sum_{i=1}^{m} (y_i - \hat{y}_i)^2$$

即真实值减去预测值，然后平方再求和，最后求平均值。这个公式其实就是线性回归的损失函数，在线性回归中，我们的目的就是让这个损失函数的数值最小。

（2）均方根误差

均方根误差表示预测值和观测值之间差异（残差）的样本标准差，公式如下：

$$RMSE = \sqrt{MSE}$$

即均方误差的平方根，均方根误差是有单位的，与样本数据是一样。

（3）平均绝对误差

平均绝对误差表示预测值和观测值之间绝对误差的平均值，公式如下：

$$MAE = \frac{1}{m} \sum_{i=1}^{m} |y_i - \hat{y}_i|$$

MAE 是一种线性分数，所有个体差异在平均值上的权重都相等，而 RMSE 相比 MAE，会对高的差异惩罚更多。

5.4.2 模型调优方法

1. 交叉验证

交叉验证也称为循环估计，是一种统计学上将数据样本切割成较小子集的实用方法，主要应用于数据建模。

交叉验证的基本思想：将原始数据进行分组，一部分作为训练集，另一部分作为验证集，首先用训练集对分类器进行训练，再利用验证集来测试训练得到的模型，以此作为评价分类器的性能指标，用交叉验证的目的是为了得到可靠稳定的模型。

交叉验证的常见方法如下：

（1）Holdout 验证

将原始数据随机分为两组，一组作为训练集，另一组作为验证集，利用训练集训练分类器，然后利用验证集验证模型，记录最后的分类准确率，以此作为分类器的性能指标。

（2）K 折交叉验证

初始采样分割成 K 个子样本，一个单独的子样本被保留作为验证模型的数据，其他 K-1 个样本用来训练。交叉验证重复 K 次，每个子样本验证一次，平均 K 次的结果或者使用其他结合方式，最终得到一个单一估测。这个方法的优势在于，同时重复运用随机产生的子样本进行训练和验证，每次的结果验证一次。

（3）留一验证

留一验证指只使用原本样本中的一项来当验证数据，而剩余的则留下当训练数据。这个步骤一直持续到每个样本都被当一次验证数据。事实上，这等同于和 K 折交叉验证，其中 K 为原样本个数。

（4）十折交叉验证

十折交叉验证用来测试算法的准确性，是常用的测试方法。将数据集分成 10 份，轮流将其中 9 份作为训练数据，1 份作为测试数据。每次试验都会得出相应的正确率。10 次结果的正确率的平均值作为算法精度的估计，一般还需要进行多次十折交叉验证（例如 10 次十折交叉验证），再求其均值，作为算法的最终准确性估计。

2. GridSearchCV

通常情况下，有部分机器学习算法中的参数是需要手动指定的（如 k 近邻算法中的 K 值），这种叫超参数。但是手动设置过程繁杂，需要对模型预设几种超参数组合，每组超参数都采用交叉验证来进行评估，最后挑选出最优参数组合。网格搜索法就可以自动调整至最佳参数组合。

GridSearchCV 可以拆分为两部分，即网格搜索（GridSearch）和交叉验证（CV）。网格搜索搜索的是参数，即在指定的参数范围内按步长依次调整参数，利用调整的参数训练模型，从所有的参数中找到在验证集上精度最高的参数，这其实是一个训练和比较的过程。

网格搜索可以保证在指定的参数范围内找到精度最高的参数，但是这也是网格搜索的缺陷所在，它要求遍历所有可能参数的组合，在面对大数据集和多参数的情况下，非常耗时。所以网格搜索适用于三四个（或者更少）超参数，用户列出一个较小的超参数值域，这些超参数值域的笛卡尔积为一组超参数。

3. 随机搜索

我们在搜索超参数的时候，如果超参数个数较少，例如三四个或者更少，那么就可以采用网格搜索，这一种穷尽式的搜索方法。但是当超参数个数比较多的时候，如果仍然采用网格搜索，那么搜索所需的时间将会呈现指数上升。所以就提出了随机搜索的方法，随机在超参数空间中搜索几十甚至几百个点，其中就有可能有比较小的值。

随机搜索的使用方法与网格搜索很相似，但它不是尝试所有可能的组合，而是选择每个超参数的一个随机值的特定数量的随机组合，这样可以方便地通过设定搜索次数控制超参数搜索的计算量等。对于有连续变量的参数，随机搜索会将其当成一个分布进行采样，这是网格搜索做不到的。

5.4.3　动手练习：PyTorch 实现交叉验证

1. 说明

本例使用 PyTorch 实现交叉验证，以十折交叉验证为例，也就是将数据分成 10 组，进行 10 组训练，每组用于测试的数据为：数据总条数/组数，每次测试的数据都是随机抽取的。

2. 步骤

具体操作步骤如下：

步骤 01 导入相关第三方库，代码如下：

```
import torch
import numpy as np
import pandas as pd
from torch.utils.data import DataLoader,TensorDataset
import time
strat = time.perf_counter()
```

步骤 02 构造训练集，代码如下：

```
x = torch.rand(100,28,28)
y = torch.randn(100,28,28)
x = torch.cat((x,y),dim=0)
label =[1] *100 + [0]*100
label = torch.tensor(label,dtype=torch.long)
```

步骤 03 设置网络结构，代码如下：

```
class Net(nn.Module):
    def __init__(self):
        super(Net, self).__init__()
        self.fc1  = nn.Linear(28*28, 120)
        self.fc2  = nn.Linear(120, 84)
        self.fc3  = nn.Linear(84, 2)

    def forward(self, x):
        x = x.view(-1, self.num_flat_features(x))
        x = F.relu(self.fc1(x))
        x = F.relu(self.fc2(x))
        x = self.fc3(x)
        return x
    def num_flat_features(self, x):
        size = x.size()[1:]
        num_features = 1
        for s in size:
            num_features *= s
        return num_features
```

步骤 04 训练集数据处理，代码如下：

```python
class TraindataSet(Dataset):
    def __init__(self,train_features,train_labels):
        self.x_data = train_features
        self.y_data = train_labels
        self.len = len(train_labels)

    def __getitem__(self,index):
        return self.x_data[index],self.y_data[index]
    def __len__(self):
        return self.len
```

步骤 05 设置损失函数，代码如下：

```python
loss_func = nn.CrossEntropyLoss()
```

步骤 06 设置 *K* 折划分，代码如下：

```python
def get_k_fold_data(k, i, X, y):
    assert k > 1
    fold_size = X.shape[0] // k
    X_train, y_train = None, None
    for j in range(k):
        idx = slice(j * fold_size, (j + 1) * fold_size)
#slice(start,end,step)
        X_part, y_part = X[idx, :], y[idx]
        if j == i:
            X_valid, y_valid = X_part, y_part
        elif X_train is None:
            X_train, y_train = X_part, y_part
        else:
            X_train = torch.cat((X_train, X_part), dim=0)
            y_train = torch.cat((y_train, y_part), dim=0)

    return X_train, y_train, X_valid,y_valid

def k_fold(k, X_train, y_train, num_epochs=3,learning_rate=0.001,
weight_decay=0.1, batch_size=5):
    train_loss_sum, valid_loss_sum = 0, 0
    train_acc_sum ,valid_acc_sum = 0,0
```

```
    for i in range(k):
        data = get_k_fold_data(k, i, X_train, y_train)
        net =  Net()
        train_ls, valid_ls = train(net, *data, num_epochs, learning_rate,
weight_decay, batch_size)

        print('*'*10,'第',i+1,'折','*'*10)
        print('训练集损失:%.6f'%train_ls[-1][0],'训练集准确
度:%.4f'%valid_ls[-1][1],\
                '测试集损失:%.6f'%valid_ls[-1][0],'测试集准确
度:%.4f'%valid_ls[-1][1])
        train_loss_sum += train_ls[-1][0]
        valid_loss_sum += valid_ls[-1][0]
        train_acc_sum += train_ls[-1][1]
        valid_acc_sum += valid_ls[-1][1]
    print('#'*5,'最终 k 折交叉验证结果','#'*5)
    print('训练集累积损失:%.4f'%(train_loss_sum/k),'训练集累积准确
度:%.4f'%(train_acc_sum/k),\
            '测试集累积损失:%.4f'%(valid_loss_sum/k),'测试集累积准确
度:%.4f'%(valid_acc_sum/k))
```

步骤 07 设置训练函数，代码如下：

```
def train(net, train_features, train_labels, test_features, test_labels,
num_epochs, learning_rate,weight_decay, batch_size):
    train_ls, test_ls = [], []
    dataset = TraindataSet(train_features, train_labels)
    train_iter = DataLoader(dataset, batch_size, shuffle=True)

    optimizer = torch.optim.Adam(params=net.parameters(), lr=
learning_rate, weight_decay=weight_decay)

    for epoch in range(num_epochs):
        for X, y in train_iter:
            output  = net(X)
            loss = loss_func(output,y)
            optimizer.zero_grad()
            loss.backward()
            optimizer.step()
```

```
        train_ls.append(log_rmse(0,net, train_features, train_labels))
        if test_labels is not None:
            test_ls.append(log_rmse(1,net, test_features, test_labels))

    return train_ls, test_ls

def log_rmse(flag,net,x,y):
    if flag == 1:
        net.eval()
    output = net(x)
    result = torch.max(output,1)[1].view(y.size())
    corrects = (result.data == y.data).sum().item()
    accuracy = corrects*100.0/len(y)
    loss = loss_func(output,y)
    net.train()

    return (loss.data.item(),accuracy)
```

步骤 08　调用交叉验证函数，代码如下：

```
k_fold(10,x,label)
```

3. 小结

本例使用 PyTorch 实现了十折交叉验证，从而可以进一步实现对模型的调优。
模型的训练集和训练集的损失和准确度输出如下：

```
********** 第 1 折 **********
训练集损失:0.039198 训练集准确度:100.0000 测试集损失:0.026498 测试集准确
度:100.0000
********** 第 2 折 **********
训练集损失:0.039630 训练集准确度:100.0000 测试集损失:0.022030 测试集准确
度:100.0000
********** 第 3 折 **********
训练集损失:0.040065 训练集准确度:100.0000 测试集损失:0.038300 测试集准确
度:100.0000
********** 第 4 折 **********
训练集损失:0.042192 训练集准确度:100.0000 测试集损失:0.026042 测试集准确
度:100.0000
```

********** 第 5 折 **********

训练集损失:0.039414 训练集准确度:100.0000 测试集损失:0.030804 测试集准确度:100.0000

********** 第 6 折 **********

训练集损失:0.035939 训练集准确度:100.0000 测试集损失:0.350404 测试集准确度:100.0000

********** 第 7 折 **********

训练集损失:0.040390 训练集准确度:100.0000 测试集损失:0.334803 测试集准确度:100.0000

********** 第 8 折 **********

训练集损失:0.041971 训练集准确度:95.0000 测试集损失:0.390596 测试集准确度:95.0000

********** 第 9 折 **********

训练集损失:0.039858 训练集准确度:100.0000 测试集损失:0.380169 测试集准确度:100.0000

********** 第 10 折 **********

训练集损失:0.035709 训练集准确度:100.0000 测试集损失:0.368736 测试集准确度:100.0000

模型最终的 k 折交叉验证结果如下：

训练集累积损失:0.0394 训练集累积准确度:100.0000 测试集累积损失:0.1968 测试集累积准确度:99.5000

5.5 练习题

练习 1：简述回归模型，并介绍在 PyTorch 中如何实现回归分析。

练习 2：简述聚类模型，并介绍在 PyTorch 中如何实现 K 均值聚类。

练习 3：简述主成分分析，并介绍在 PyTorch 中如何实现主成分分析。

练习 4：简述模型的评估方法，并介绍在 PyTorch 中如何实现模型调优。

第6章

PyTorch 图像建模

当前，深度学习作为一种复杂的机器学习算法，能够使用深度学习模型提取图像中的目标形状信息以及更多复杂高级信息。本章介绍基于 PyTorch 的图像建模技术及其案例。

6.1 图像建模概述

图像分类任务是人工智能的一个重要领域，它是指对图像进行对象识别，识别出各种不同模式的目标和对象的技术。本节介绍几种重要的图像建模技术。

6.1.1 图像分类技术

图像分类技术有许多应用，常见的应用有人物照片分类、社交网络的人脸和物体识别、智能驾驶道路场景的检测与识别等，应用范围仍然在不断地扩张，与人类生活结合得越来越紧密，这些都表明图像分类技术将在社会生活中扮演越来越重要的角色。

传统的图像分类技术以数字图像处理与识别为基础，融合了机器视觉、机器学习、系统学等多门学科，通过人工提取特征信息来表示图像内容，根据这些特征来匹配和分类图像目标。不足之处是自适应性能差，一旦目标图像被较强的噪声污染或者目标图像有较大残缺，往往就得不出理想的结果。而且随着大数据时代的到来，各种海量数据的出现大大提升了传统算法的计算难度，解决此问题的一个方法就是使用人工神经网络，但是传统人工神经网络对图像进行分析计算时具有很高的代价，这是由于传统的人工神经网络属于全连接网络，其参数数量过多，扩展性很差，没有利用像素位置信息，对于图像类型的数据来说，像素之间的空间关系和梯度关系都是非常重要的信息，还有网络层数的限制，网络层数越多，表达能力越强，但是误差反向传递时很难超过 3 层，因此有很大的限制。因此，根据传统人工神经网络的构建方式，卷积神经网络的提出成功地解决了这个问题，并快速成为计算机视觉领域的主流技术。

对于图像来说，图像的一个重要特点就是每个像素与其周围的像素存在着比较紧密的联系，相邻像素之间的相关性很强，因此如果能够合理地掌握和使用这种相关信息，就能够使得人工神经网络模型的无效计算量大大减少，而卷积神经网络恰恰能够做到这一点。

6.1.2　图像识别技术

图像识别指利用信息处理与计算机技术，采用数学方法，对图像进行处理、分析和理解的过程，它是近 20 年发展起来的一门新兴技术科学。由于计算机技术和信息技术的不断发展，图像识别技术的使用领域越来越广泛，如指纹的识别、虹膜的识别、手写汉字的识别、交通标志的识别、手势的识别、人脸的识别、机器人视觉等，并且随着实践活动社会化的需要，需要分类识别的事物种类越来越丰富，而且被识别对象的内容也越来越复杂。例如，在交通管理系统中，通过使用车牌的自动识别来记录车辆的违章行为；在医学图像中，根据细胞的形状和颜色等分析是否发生了病变；通过植物的颜色和形态长势判断何时需要浇水、施肥；通过气象观测的数据或利用卫星照片来进行天气预报，等等。总而言之，图像识别技术不仅在农业、工业、医学和高科技产业等各个领域发挥着非常重要的作用，并且已经越来越多地渗透到了我们的日常生活中。

1. 图像识别过程

图像识别过程大致分为两个阶段：样本训练阶段对大量样本图像进行预处理，提取图像特征，进行模式分类，从而获得一个样本图像特征库；图像识别阶段对输入图像做预处理，进行图像分析、分割，并提取图像中关注部分的图像特征，利用模式识别方法对特征与图像特征库中的特征进行相关处理，以确定输入图像是否匹配。当图像匹配失败时，将其特征作为新的模式分类并入图像特征库。

2. 图像预处理

图像预处理的目的是让图像能够更好地为识别图像服务。在预处理过程中，为了方便分析图像内容，常用方法为对彩色图像进行灰度处理，有时会对图像进行处理。为了减轻图像在成像过程受到的噪声污染，对图像进行直方图归一化、低通滤波、均值滤波和中值滤波等平滑处理，为了突出图像的细节特征（如图像边缘和轮廓），对图像进行高通滤波器处理，利用梯度算子和拉普拉斯算子处理图像等；为了能够找到关注部分的图像，对图像进行边缘检测、边界检测、区域连接和门限等技术处理，最终分割图像。

3．图像特征提取

图像特征提取的关键是保证图像的大小、位移及旋转的不变性和提取到唯一标识图像特性的特征来为图像识别服务。

图像特征提取实际上是图像表示问题，它的目的是减轻图像在识别过程中的负担。因为原始图像的数据维数非常高，通过特征提取给数据降维，从而提高识别效率和识别率，为节省资源、构造和设计特征分类器带来益处。

6.1.3　图像分割技术

图像分割就是把图像分成若干个特定的、具有独特性质的区域并提出感兴趣的目标的技术和过程，它是由图像处理到图像分析的关键步骤。现有的图像分割方法主要分为这几类：基于阈值的分割方法、基于区域的分割方法、基于边缘的分割方法以及基于特定理论的分割方法等。

1．基于阈值的分割方法

阈值分割法是一种常用的并行区域技术，它是图像分割中应用数量最多的一类。阈值分割法实际上是输入图像到输出图像的变换。阈值分割法的关键是确定阈值，如果能够确定一个合适的阈值，就可以准确地将图像分割开来。阈值确定后，将阈值与像素点的灰度值逐个进行比较，而且像素分割可对各像素并行地进行，分割的结果直接给出图像区域。

2．基于区域的分割方法

区域生长和分裂合并法是两种典型的串行区域技术，其分割过程后续步骤的处理要根据前面步骤的结果进行判断而确定。区域生长是从某个或者某些像素点出发，最后得到整个区域，进而实现目标提取。分裂合并差不多是区域生长的逆过程：从整个图像出发，不断分裂得到各个子区域，然后把前景区域合并，实现目标提取。

3．基于边缘的分割方法

图像分割的一种重要途径是通过边缘检测，即检测灰度级或者结构具有突变的地方，表明一个区域的终结，也是另一个区域开始的地方。这种不连续性称为边缘。不同的图像灰度不同，边界处一般有明显的边缘，利用此特征可以分割图像。

4．基于特定理论的分割方法

图像分割至今尚无通用的自身理论。随着各学科许多新理论和新方法的提出，出现了许多与一些特定理论、方法相结合的图像分割方法。例如，模糊集理论具有描述事物不确定性的能力，适用于图像分割问题。1998 年以来，出现了许多模糊分割技术，在图像分割中的应用日益广泛。模糊技术在图像分割中应用的一个显著特点就是它能和现有的许多图像分割方法相结合，形成一系列的集成模糊分割技术，例如模糊聚类、模糊阈值、模糊边缘检测技术等。

6.2　动手练习：创建图像自动分类器

图像分类是指利用电子计算机图像处理设备对图像上的各种地物信息自动分类和识别其性质的工作。为了更好地理解和应用图像自动分类技术，本节通过实际案例介绍基于 PyTorch 的图像自动分类器。

6.2.1　加载数据集

本例中，我们使用的数据集是 CIFAR-10，该数据集是由 Alex Krizhevsky 和 Ilya Sutskever 整理的一个用于识别普适物体的小型数据集。该数据集一共包含 10 个类别的 RGB 彩色图片：飞机（airplane）、汽车（automobile）、鸟类（bird）、猫（cat）、鹿（deer）、狗（dog）、蛙类（frog）、马（horse）、船（ship）和卡车（truck）。图片的尺寸为 32×32，数据集中一共有 50000 张训练图片和 10000 张测试图片。

torchvision 的数据集是基于 PILImage 的，数值是[0, 1]，我们需要将其转成范围为[−1, 1]的张量，代码如下：

```
transform = transforms.Compose([
    transforms.ToTensor(),
    transforms.Normalize((0.5, 0.5, 0.5), (0.5, 0.5, 0.5))])
```

导入训练集和测试集数据，代码如下：

```
trainset = torchvision.datasets.CIFAR10(root='./', train=True,
download=False, transform=transform)
```

```
    trainloader = torch.utils.data.DataLoader(trainset, batch_size=4,
shuffle=False, num_workers=4)

    testset = torchvision.datasets.CIFAR10(root='./', train=False,
download=True, transform=transform)
    testloader = torch.utils.data.DataLoader(testset, batch_size=4,
shuffle=True, num_workers=4)
    classes = ('plane', 'car', 'bird', 'cat', 'deer', 'dog', 'frog', 'horse',
'ship', 'truck')
```

6.2.2　搭建网络模型

加载数据集成功之后，开始搭建网络模型，具体操作步骤如下。

设置网络结构，代码如下：

```
class Net(nn.Module):
    def __init__(self):
        super(Net, self).__init__()
        self.conv1 = nn.Conv2d(3, 6, 5)
        self.pool = nn.MaxPool2d(2, 2)
        self.conv2 = nn.Conv2d(6, 16, 5)
        self.fc1 = nn.Linear(16 * 5 * 5, 120)
        self.fc2 = nn.Linear(120, 84)
        self.fc3 = nn.Linear(84, 10)

    def forward(self, x):
        x = self.pool(F.relu(self.conv1(x)))
        x = self.pool(F.relu(self.conv2(x)))
        x = x.view(-1, 16 * 5 * 5)
        x = F.relu(self.fc1(x))
        x = F.relu(self.fc2(x))
        x = self.fc3(x)
        return x

net = Net()
```

设置损失函数和优化器，代码如下：

```
criterion = nn.CrossEntropyLoss()
```

```
optimizer = optim.SGD(net.parameters(), lr=0.001, momentum=0.9)
```

6.2.3　训练网络模型

对神经网络模型进行训练，具体编写的代码如下：

```
nums_epoch = 2
for epoch in range(nums_epoch):
    _loss = 0.0
    for i, (inputs, labels) in enumerate(trainloader, 0):
        inputs, labels = inputs.to(device), labels.to(device)
        optimizer.zero_grad()

        outputs = net(inputs)
        loss = criterion(outputs, labels)
        loss.backward()
        optimizer.step()

        _loss += loss.item()
        if i % 3000 == 2999:
            print('[%d, %5d] 损失: %.3f' %
                  (epoch + 1, i + 1, _loss / 3000))
            _loss = 0.0

print('训练结束')
```

输出如下：

```
[1,  3000] 损失: 1.224
[1,  6000] 损失: 1.216
[1,  9000] 损失: 1.190
[1, 12000] 损失: 1.165
[2,  3000] 损失: 1.130
[2,  6000] 损失: 1.124
[2,  9000] 损失: 1.095
[2, 12000] 损失: 1.084
训练结束
```

6.2.4　应用网络模型

通过测试集对模型进行验证，首先使用如下代码抽取测试集中的 4 张图片：

```
def imshow(img):
    img = img / 2 + 0.5
    npimg = img.numpy()
    plt.imshow(np.transpose(npimg, (1, 2, 0)))
    plt.show()

dataiter = iter(testloader)
images, labels = dataiter.next()
imshow(torchvision.utils.make_grid(images))
print('图像真实分类: ', ' '.join(['%5s' % classes[labels[j]] for j in
range(4)]))
```

输出结果如图 6-1 所示。

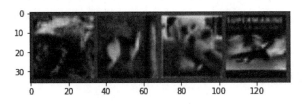

图 6-1　原始图像

对图像进行实际分类：`frog  deer  dog  plane`

然后使用建立的模型对上述 4 张图片的类进行预测，代码如下：

```
outputs = net(images)
_, predicted = torch.max(outputs, 1)
print('图像预测分类: ', ' '.join(['%5s' % classes[predicted[j]] for j in
range(4)]))
```

预测的图片类型如下：

图像预测分类：`frog  deer  horse  plane`

下面计算测试集准确率，代码如下：

```
correct, total = 0, 0
with torch.no_grad():
```

```
for images, labels in testloader:
    outputs = net(images)
    _, predicted = torch.max(outputs, 1)
    total += labels.size(0)
    correct += (labels == predicted).sum().item()
```

```
print('测试集准确率：%d %%' % (100 * correct / total))
```

模型的准确率输出如下：

测试集准确率：56 %

6.3 动手练习：搭建图像自动识别模型

图像识别是指利用计算机对图像进行处理、分析和理解，以识别各种不同模式的目标和对象的技术，是应用深度学习算法的一种实践应用。为了更好地理解和应用图像自动识别技术，本节通过实际案例介绍基于 PyTorch 的图像自动识别模型。

6.3.1 加载数据集

本节将会使用到 MNIST 数据集，MNIST 数据集来自美国国家标准与技术研究院（National Institute of Standards and Technology，NIST）。该数据集分成训练集和测试集两部分，其中训练集由来自 250 个不同人手写的数字构成，其中 50%是高中学生，50%来自人口普查局的工作人员，测试集也是同样比例的手写数字数据。

MNIST 数据集包含如下 4 个文件：

```
train-images-idx3-ubyte.gz:  training set images (9912422 bytes)
train-labels-idx1-ubyte.gz:  training set labels (28881 bytes)
t10k-images-idx3-ubyte.gz:   test set images (1648877 bytes)
t10k-labels-idx1-ubyte.gz:   test set labels (4542 bytes)
```

导入训练数据集的代码如下：

```
train_data = torchvision.datasets.MNIST(
    root = './',
    train = True,
    transform = torchvision.transforms.ToTensor(),
```

```
    download = False)

test_data = torchvision.datasets.MNIST(
    root='./',
    train=False)
```

导入测试训练集的代码如下：

```
test_x=
torch.unsqueeze(test_data.data,dim=1).type(torch.FloatTensor)/255
test_y= test_data.targets
```

6.3.2　搭建与训练网络

设置神经网络的结构，代码如下：

```
class CNN(nn.Module):
    def __init__(self):
        super(CNN,self).__init__()
        self.conv1 = nn.Sequential(
            nn.Conv2d(
                in_channels=1,
                out_channels=16,
                kernel_size=3,
                stride=1,
                padding=1
            ),
            nn.ReLU(),
            nn.MaxPool2d(kernel_size=2)
        )
        self.conv2 = nn.Sequential(
            nn.Conv2d(
                in_channels=16,
                out_channels=32,
                kernel_size=3,
                stride=1,
                padding=1
            ),
            nn.ReLU(),
            nn.MaxPool2d(kernel_size=2)
```

```
        )
        self.output = nn.Linear(32*7*7,10)

    def forward(self, x):
        out = self.conv1(x)
        out = self.conv2(out)
        out = out.view(out.size(0),-1)
        out = self.output(out)
        return out


cnn = CNN()
```

设置优化器和损失函数，并训练模型，代码如下：

```
optimizer = torch.optim.Adam(cnn.parameters(),lr=LR,)
loss_func = nn.CrossEntropyLoss()

for epoch in range(EPOCH):
    for step ,(b_x,b_y) in enumerate(train_loader):
        output = cnn(b_x)
        loss = loss_func(output,b_y)

        optimizer.zero_grad()
        loss.backward()
        optimizer.step()

        if step%50 ==0:
            test_output = cnn(test_x)
            pred_y = torch.max(test_output, 1)[1].data.numpy()
            accuracy = float((pred_y ==
test_y.data.numpy()).astype(int).sum()) / float(test_y.size(0))


    torch.save(cnn,'cnn_minist.pkl')
```

6.3.3 预测图像数据

对测试集数据进行预测，并输出准确率，编写代码如下：

```
cnn = torch.load('cnn_minist.pkl')
```

```
test_output = cnn(test_x[:20])
pred_y = torch.max(test_output, 1)[1].data.numpy()

print('预测值', pred_y)
print('实际值', test_y[:20].numpy())

test_output1 = cnn(test_x)
pred_y1 = torch.max(test_output1, 1)[1].data.numpy()
accuracy = float((pred_y1 == test_y.data.numpy()).astype(int).sum()) /
float(test_y.size(0))
print('准确率',accuracy)
```

6.3.4　图像识别模型的判断

图像自动识别模型的完整代码如下：

```
import torch
import torchvision
import torch.utils.data as Data
import torch.nn as nn
import torch.nn.functional as F

train_data = torchvision.datasets.MNIST(
    root = './',
    train = True,
    transform = torchvision.transforms.ToTensor(),
    download = False)

test_data = torchvision.datasets.MNIST(
    root='./',
    train=False)

test_x = torch.unsqueeze(test_data.data,
dim=1).type(torch.FloatTensor)/255
test_y = test_data.targets

class CNN(nn.Module):
    def __init__(self):
        super(CNN,self).__init__()
```

```python
        self.conv1 = nn.Sequential(
            nn.Conv2d(
                in_channels=1,
                out_channels=16,
                kernel_size=3,
                stride=1,
                padding=1
            ),
            nn.ReLU(),
            nn.MaxPool2d(kernel_size=2)
        )
        self.conv2 = nn.Sequential(
            nn.Conv2d(
                in_channels=16,
                out_channels=32,
                kernel_size=3,
                stride=1,
                padding=1
            ),
            nn.ReLU(),
            nn.MaxPool2d(kernel_size=2)
        )
        self.output = nn.Linear(32*7*7,10)

    def forward(self, x):
        out = self.conv1(x)
        out = self.conv2(out)
        out = out.view(out.size(0),-1)
        out = self.output(out)
        return out


cnn = CNN()

optimizer = torch.optim.Adam(cnn.parameters(),lr=LR,)
loss_func = nn.CrossEntropyLoss()

for epoch in range(EPOCH):
    for step ,(b_x,b_y) in enumerate(train_loader):
```

```
        output = cnn(b_x)
        loss = loss_func(output,b_y)

        optimizer.zero_grad()
        loss.backward()
        optimizer.step()

        if step%50 ==0:
            test_output = cnn(test_x)
            pred_y = torch.max(test_output, 1)[1].data.numpy()
            accuracy = float((pred_y ==
test_y.data.numpy()).astype(int).sum()) / float(test_y.size(0))

    torch.save(cnn,'cnn_minist.pkl')

    cnn = torch.load('cnn_minist.pkl')

    test_output = cnn(test_x[:20])
    pred_y = torch.max(test_output, 1)[1].data.numpy()

    print('预测值', pred_y)
    print('实际值', test_y[:20].numpy())

    test_output1 = cnn(test_x)
    pred_y1 = torch.max(test_output1, 1)[1].data.numpy()
    accuracy = float((pred_y1 == test_y.data.numpy()).astype(int).sum()) /
float(test_y.size(0))
    print('准确率',accuracy)
```

运行上述模型代码，输出预测值、实际值和准确率，代码如下：

```
预测值 [7 2 1 0 4 1 4 9 5 9 0 6 9 0 1 5 9 7 8 4]
实际值 [7 2 1 0 4 1 4 9 5 9 0 6 9 0 1 5 9 7 3 4]
准确率 0.9872
```

可以看出图像识别模型的准确率较好，达到了 0.9872。

6.4　动手练习：搭建图像自动分割模型

图像分割就是指把图像分成若干个特定的、具有独特性质的区域并提出感兴趣目标的技术和过程。为了更好地理解和应用图像自动分割技术，本节通过实际案例介绍基于 PyTorch 的图像自动分割模型。

6.4.1　加载数据集

导入相关第三方包，代码如下：

```python
import os
import cv2
import numpy as np
import torch
from torch import nn
import torch.optim as optim
from torch.utils.data import Dataset, DataLoader
from torchvision import transforms
```

定义加载数据集的类，代码如下：

```python
class MyDataset(Dataset):
    def __init__(self, train_path, transform=None):
        self.images = os.listdir(train_path + '/last')
        self.labels = os.listdir(train_path + '/last_msk')
        assert len(self.images) == len(self.labels), 'Number does not
match'
        self.transform = transform
        self.images_and_labels = []
        for i in range(len(self.images)):
            self.images_and_labels.append((train_path + '/last/' +
self.images[i], train_path + '/last_msk/' + self.labels[i]))

    def __getitem__(self, item):
        img_path, lab_path = self.images_and_labels[item]
        img = cv2.imread(img_path)
        img = cv2.resize(img, (224, 224))
```

```
        lab = cv2.imread(lab_path, 0)
        lab = cv2.resize(lab, (224, 224))
        lab = lab / 255
        lab = lab.astype('uint8')
        lab = np.eye(2)[lab]
        lab = np.array(list(map(lambda x: abs(x-1),
lab))).astype('float32')
        lab = lab.transpose(2, 0, 1)
        if self.transform is not None:
            img = self.transform(img)
        return img, lab

    def __len__(self):
        return len(self.images)


if __name__ == '__main__':
    img = cv2.imread('data/train/last_msk/50.jpg', 0)
    img = cv2.resize(img, (16, 16))
    img2 = img/255
    img3 = img2.astype('uint8')
    hot1 = np.eye(2)[img3]
    hot2 = np.array(list(map(lambda x: abs(x-1), hot1)))
    print(hot2.shape)
```

6.4.2　搭建网络模型

先从简单的模型搭建开始，输入图像大小是 $3\times224\times224$，卷积部分使用的是 VGG11
模型，经过第 5 个最大池化后开始上采样，经过 5 个反卷积层还原成原始图像大小，代码如
下：

```
class Net(nn.Module):
    def __init__(self):
        super(Net, self).__init__()
        self.encode1 = nn.Sequential(
            nn.Conv2d(3, 64, kernel_size=3, stride=1, padding=1),
            nn.BatchNorm2d(64),
            nn.ReLU(True),
            nn.MaxPool2d(2, 2)
```

```
        )
        self.encode2 = nn.Sequential(
            nn.Conv2d(64, 128, kernel_size=3, stride=1, padding=1),
            nn.BatchNorm2d(128),
            nn.ReLU(True),
            nn.MaxPool2d(2, 2)
        )
        self.encode3 = nn.Sequential(
            nn.Conv2d(128, 256, kernel_size=3, stride=1, padding=1),
            nn.BatchNorm2d(256),
            nn.ReLU(True),
            nn.Conv2d(256, 256, 3, 1, 1),
            nn.BatchNorm2d(256),
            nn.ReLU(True),
            nn.MaxPool2d(2, 2)
        )
        self.encode4 = nn.Sequential(
            nn.Conv2d(256, 512, kernel_size=3, stride=1, padding=1),
            nn.BatchNorm2d(512),
            nn.ReLU(True),
            nn.Conv2d(512, 512, 3, 1, 1),
            nn.BatchNorm2d(512),
            nn.ReLU(True),
            nn.MaxPool2d(2, 2)
        )
        self.encode5 = nn.Sequential(
            nn.Conv2d(512, 512, kernel_size=3, stride=1, padding=1),
            nn.BatchNorm2d(512),
            nn.ReLU(True),
            nn.Conv2d(512, 512, 3, 1, 1),
            nn.BatchNorm2d(512),
            nn.ReLU(True),
            nn.MaxPool2d(2, 2)
        )
        self.decode1 = nn.Sequential(
            nn.ConvTranspose2d(in_channels=512, out_channels=256,
kernel_size=3,
                            stride=2, padding=1, output_padding=1),
```

```
            nn.BatchNorm2d(256),
            nn.ReLU(True)
        )
        self.decode2 = nn.Sequential(
            nn.ConvTranspose2d(256, 128, 3, 2, 1, 1),
            nn.BatchNorm2d(128),
            nn.ReLU(True)
        )
        self.decode3 = nn.Sequential(
            nn.ConvTranspose2d(128, 64, 3, 2, 1, 1),
            nn.BatchNorm2d(64),
            nn.ReLU(True)
        )
        self.decode4 = nn.Sequential(
            nn.ConvTranspose2d(64, 32, 3, 2, 1, 1),
            nn.BatchNorm2d(32),
            nn.ReLU(True)
        )
        self.decode5 = nn.Sequential(
            nn.ConvTranspose2d(32, 16, 3, 2, 1, 1),
            nn.BatchNorm2d(16),
            nn.ReLU(True)
        )
        self.classifier = nn.Conv2d(16, 2, kernel_size=1)

    def forward(self, x):
        out = self.encode1(x)
        out = self.encode2(out)
        out = self.encode3(out)
        out = self.encode4(out)
        out = self.encode5(out)
        out = self.decode1(out)
        out = self.decode2(out)
        out = self.decode3(out)
        out = self.decode4(out)
        out = self.decode5(out)
        out = self.classifier(out)
        return out
```

```python
if __name__ == '__main__':
    img = torch.randn(2, 3, 224, 224)
    net = Net()
    sample = net(img)
    print(sample.shape)
```

6.4.3 训练网络模型

下面训练网络模型，代码如下：

```python
batchsize = 8
epochs = 20
train_data_path = 'data/train'

transform =
transforms.Compose([transforms.ToTensor(),transforms.Normalize(mean=[0.48
5, 0.456, 0.406], std=[0.229, 0.224, 0.225])])
bag = MyDataset(train_data_path, transform)
dataloader = DataLoader(bag, batch_size=batchsize, shuffle=True)

device = torch.device('cpu')
net = Net().to(device)
criterion = nn.BCELoss()
optimizer = optim.SGD(net.parameters(), lr=1e-2, momentum=0.7)

if not os.path.exists('checkpoints'):
    os.mkdir('checkpoints')

for epoch in range(1, epochs+1):
    for batch_idx, (img, lab) in enumerate(dataloader):
        img, lab = img.to(device), lab.to(device)
        output = torch.sigmoid(net(img))
        loss = criterion(output, lab)

        output_np = output.cpu().data.numpy().copy()
        output_np = np.argmin(output_np, axis=1)
        y_np = lab.cpu().data.numpy().copy()
        y_np = np.argmin(y_np, axis=1)
```

```
        if batch_idx % 20 == 0:
            print('Epoch:[{}/{}]\tStep:[{}/{}]\tLoss:{:.6f}'.format(
                epoch, epochs, (batch_idx+1)*len(img),
len(dataloader.dataset), loss.item()))

        optimizer.zero_grad()
        loss.backward()
        optimizer.step()

    if epoch % 10 == 0:
        torch.save(net, './model/model_epoch_{}.pth'.format(epoch))
        print('./model/model_epoch_{}.pth saved!'.format(epoch))
```

6.4.4　应用网络模型

应用上述创建的模型，在测试文件夹下有 5 张图片，原始图像如图 6-2 所示。

000.jpg　　　　001.jpg　　　　002.jpg　　　　003.jpg　　　　004.jpg

图 6-2　原始图像

下面对其进行图像分割，编写代码如下：

```
class TestDataset(Dataset):
    def __init__(self, test_img_path, transform=None):
        self.test_img = os.listdir(test_img_path)
        self.transform = transform
        self.images = []
        for i in range(len(self.test_img)):
            self.images.append(os.path.join(test_img_path,
self.test_img[i]))

    def __getitem__(self, item):
        img_path = self.images[item]
        img = cv2.imread(img_path)
        img = cv2.resize(img, (224, 224))
```

```
        if self.transform is not None:
            img = self.transform(img)
        return img

    def __len__(self):
        return len(self.test_img)


test_img_path = './data/test/last'
checkpoint_path = './model/model_epoch_20.pth'
save_dir = 'data/test/result'
if not os.path.exists(save_dir ):
    os.mkdir(save_dir )


transform =
transforms.Compose([transforms.ToTensor(),transforms.Normalize(mean=[0.48
5, 0.456, 0.406], std=[0.229, 0.224, 0.225])])
    bag = TestDataset(test_img_path, transform)
    dataloader = DataLoader(bag, batch_size=1, shuffle=None)


net = torch.load(checkpoint_path)
for idx, img in enumerate(dataloader):
    output = torch.sigmoid(net(img))

    output_np = output.cpu().data.numpy().copy()
    output_np = np.argmin(output_np, axis=1)

    img_arr = np.squeeze(output_np)
    img_arr = img_arr*255
    cv2.imwrite('%s/%03d.png'%(save_dir, idx), img_arr)
    print('%s/%03d.png'%(save_dir, idx))
```

输出结果如图 6-3 所示，可以看出原始图像的特征得到了分割。

图 6-3　特征图像

需要注意的是，如果模型的训练次数不足，可能效果不是很好。

6.5　练习题

练习 1：简述图像分类技术，并介绍在 PyTorch 中的具体实现步骤。

练习 2：简述图像识别技术，并介绍在 PyTorch 中的具体实现步骤。

练习 3：简述图像分割技术，并介绍在 PyTorch 中的具体实现步骤。

第 7 章

PyTorch 文本建模

自然语言处理学科属于计算机与语言学的交叉学科,旨在研究使用计算机技术处理各类文本数据,主要的研究方向有语义分析、机器翻译等,作为深度学习重要框架的 PyTorch 同样可以在文本数据处理中发挥作用。本章介绍基于 PyTorch 的文本建模技术及其案例。

7.1 自然语言处理的几个模型

文本预训练对于自然语言处理的任务有着巨大的帮助,而预训练模型也越来越多,从最初的 Word2Vec 模型到 Seq2Seq 模型和 Attention 模型,本节深入介绍这些模型。

7.1.1 Word2Vec 模型

Word2Vec 使用一层神经网络将 One-Hot(独热)编码形式的词向量映射到分布式形式的词向量,使用了层次 Softmax、负采样(negative sampling)等技巧进行训练速度上的优化。

作用:我们在日常生活中使用的自然语言不能够直接被计算机所理解,当我们需要对这些自然语言进行处理时,就需要使用特定的手段对其进行分析或预处理。使用 One-Hot 编码对文字进行处理可以得到词向量,但是对文字进行唯一编号分析的方式存在数据稀疏的问题,而 Word2Vec 能够解决这一问题,实现 Word Embedding(个人理解为:某文本中词汇的关联关系例如北京-中国,伦敦-英国)。

主要用途:一是作为其他复杂的神经网络模型的初始化(预处理),二是把词与词之间的相似度用作某个模型的特征（分析）。

算法流程：

第一步：将 One-Hot 形式的词向量输入单层神经网络中，其中输入层的神经元节点个数应该和 One-Hot 形式的词向量维数相对应。

第二步：通过神经网络的映射层中的激活函数计算目标单词与其他词汇的关联概率，其中在计算时使用负采样的方式来提高训练速度和正确率。

第三步：通过使用随机梯度下降优化算法计算损失。

第四步：通过反向传播算法将神经元的各个权重和偏置进行更新。

所以，Word2Vec 实质上是一种降维操作，将 One-Hot 形式的词向量转化为 Word2Vec 形式。

7.1.2　Seq2Seq 模型

Seq2Seq 模型是输出的长度不确定时采用的模型，这种情况一般在机器翻译的任务中出现，将一句中文翻译成英文，这句英文的长度有可能比中文短，也有可能比中文长，所以输出的长度就不确定了。举一个简单的例子，当我们使用机器翻译时：输入(Hello)，输出(你好)。再比如在人机对话中，我们问机器："你是谁？"，机器会返回"我是某某"。

Seq2Seq 属于 Encoder-Decoder 结构的一种，这里介绍常见的 Encoder-Decoder 结构，基本思想就是利用两个 RNN、一个 RNN 作为 Encoder，另一个 RNN 作为 Eecoder。Encoder 负责将输入序列压缩成指定长度的向量，这个向量就可以看成是这个序列的语义，这个过程称为编码，如图 7-1 所示，获取语义向量最简单的方式是直接将最后一个输入的隐状态作为语义向量 C。也可以对最后一个隐含状态做一个变换得到语义向量，还可以将输入序列的所有隐含状态做一个变换得到语义变量。

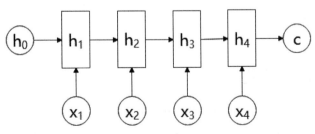

图 7-1　RNN 网络

而 Decoder 则负责根据语义向量生成指定的序列，这个过程也称为解码，如图 7-2 所示，最简单的方式是将 Encoder 得到的语义变量作为初始状态输入 Decoder 的 RNN 中，得到输出序列。可以看到上一时刻的输出会作为当前时刻的输入，而且其中语义向量 C 只作为初始状态参与运算，后面的运算都与语义向量 C 无关。

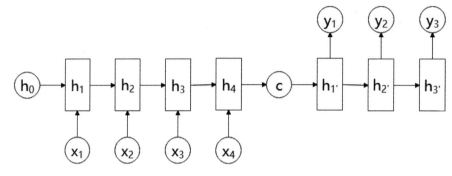

图 7-2 语义向量只作初始化参数

Decoder 处理方式还有另一种，就是语义向量 C 参与序列所有时刻的运算，如图 7-3 所示，上一时刻的输出仍然作为当前时刻的输入，但语义向量 C 会参与所有时刻的运算。

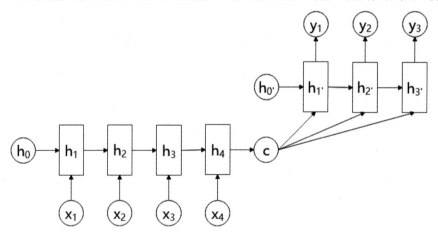

图 7-3 语义向量参与解码

7.1.3 Attention 模型

Attention 模型最初应用于图像识别，模仿人看图像时，目光的焦点在不同的物体上移动。当神经网络对图像或语言进行识别时，每次集中于部分特征上，识别更加准确。如何衡量特征的重要性，最直观的方法就是权重。因此，Attention 模型的结果就是在每次识别时，首先计算每个特征的权值，然后对特征进行加权求和，权值越大，该特征对当前识别的贡献就越大。

机器翻译中的 Attention 模型很直观，易于理解，因为每生成一个单词，找到源句子中与其对应的单词，翻译才准确。此处就以机器翻译为例讲解 Attention 模型的基本原理。在此之前，需要先介绍一下目前机器翻译领域应用广泛的模型——Encoder-Decoder 结构。

Encoder-Decoder 框架包括两个步骤，第一步是 Encoder，将输入数据（如图像或文本）编码为一系列特征，第二步是 Decoder，以编码的特征作为输入，将其解码为目标输出。Encoder 和 Decoder 是两个独立的模型，可以采用神经网络，也可以采用其他模型。

了解 Encoder-Decoder 结构之后，我们再回到 Attention 模型，Attention 在 Encoder-Decoder 中介于 Encoder 和 Decoder 中间，首先根据 Encoder 和 Decoder 的特征计算权值，然后对 Encoder 的特征进行加权求和，作为 Decoder 的输入，其作用是将 Encoder 的特征以更好的方式呈献给 Decoder。

7.2　动手练习：Word2Vec 提取相似文本

为了更好地理解和应用自然语言处理中的 Word2Vec 模型，本节通过实际案例介绍基于该模型提取相似文本。

7.2.1　加载数据集

《哈利·波特与魔法石》是英国女作家 J.K.罗琳创作的长篇小说——《哈利·波特》系列小说的第一部。该作的英文原版 1997 年 6 月 26 日在英国出版，中文繁体版 2000 年 6 月 23 日出版，中文简体版 2000 年 9 月出版。该书讲述了自幼父母双亡的孤儿哈利·波特收到魔法学校霍格沃茨的邀请，前去学习魔法，之后遭遇的一系列历险。该小说情节跌宕起伏，语言风趣幽默，主题反映了现实和人性，发人深省。

我们将《哈利·波特与魔法石》小说的英文版电子书作为本例的数据集。

读取数据的代码如下：

```
with open('HarryPotter.txt', 'r') as f:
    lines = f.readlines()
    raw_dataset = [st.split() for st in lines]
```

为了计算简单，我们只保留在数据集中至少出现 5 次的词，然后将词映射到整数索引，代码如下：

```
counter = collections.Counter([tk for st in raw_dataset for tk in st])
counter = dict(filter(lambda x: x[1] >= 5, counter.items()))

idx_to_token = [tk for tk, _ in counter.items()]
token_to_idx = {tk: idx for idx, tk in enumerate(idx_to_token)}
dataset = [[token_to_idx[tk] for tk in st if tk in token_to_idx]
          for st in raw_dataset]
num_tokens = sum([len(st) for st in dataset])
```

文本数据中一般会出现一些高频词，如英文中的 the、a 和 in。通常来说，在一个背景窗口中，一个词和较低频词同时出现比和较高频词同时出现对训练词嵌入模型更有益。因此，训练词嵌入模型时可以对词进行二次采样，代码如下：

```
def discard(idx):
    return random.uniform(0, 1) < 1 - math.sqrt(
        1e-4 / counter[idx_to_token[idx]] * num_tokens)


subsampled_dataset = [[tk for tk in st if not discard(tk)] for st in dataset]
```

提取中心词和背景词，将与中心词距离不超过背景窗口大小的词作为它的背景词。下面定义函数提取出所有中心词和它们的背景词。它每次在整数 1 和 max_window_size（最大背景窗口）之间随机均匀采样一个整数作为背景窗口大小，代码如下：

```
def get_centers_and_contexts(dataset, max_window_size):
    centers, contexts = [], []
    for st in dataset:
        if len(st) < 2:
            continue
        centers += st
        for center_i in range(len(st)):
            window_size = random.randint(1, max_window_size)
            indices = list(range(max(0, center_i - window_size),
                                 min(len(st), center_i + 1 + window_size)))
            indices.remove(center_i)
            contexts.append([st[idx] for idx in indices])
    return centers, contexts
```

我们设最大背景窗口大小为 5。下面提取数据集中所有的中心词及其背景词，代码如下：

```
all_centers, all_contexts = get_centers_and_contexts(subsampled_dataset, 5)
```

我们使用负采样来进行近似训练。对于一对中心词和背景词，我们随机采样 *K* 个噪声词（实验中设 *K*=5）。根据 Word2Vec 的建议，噪声词采样概率 P(w)设为 w 词频与总词频之比的 0.75 次方，代码如下：

```python
def get_negatives(all_contexts, sampling_weights, K):
    all_negatives, neg_candidates, i = [], [], 0
    population = list(range(len(sampling_weights)))
    for contexts in all_contexts:
        negatives = []
        while len(negatives) < len(contexts) * K:
            if i == len(neg_candidates):
                i, neg_candidates = 0, random.choices(
                    population, sampling_weights, k=int(1e5))
            neg, i = neg_candidates[i], i + 1

            if neg not in set(contexts):
                negatives.append(neg)
        all_negatives.append(negatives)
    return all_negatives


sampling_weights = [counter[w]**0.75 for w in idx_to_token]
all_negatives = get_negatives(all_contexts, sampling_weights, 5)
```

从数据集中提取所有中心词 all_centers，以及每个中心词对应的背景词 all_contexts 和噪声词 all_negatives，我们将通过随机小批量方法来读取它们。

下面实现这个小批量读取函数 batchify。它的小批量输入 data 是一个列表，其中每个元素分别包含中心词 center、背景词 context 和噪声词 negative。该函数返回的小批量数据符合我们需要的格式，例如包含掩码变量。其代码如下：

```python
def batchify(data):
    max_len = max(len(c) + len(n) for _, c, n in data)
    centers, contexts_negatives, masks, labels = [], [], [], []
    for center, context, negative in data:
        cur_len = len(context) + len(negative)
        centers += [center]
        contexts_negatives += [context + negative + [0] * (max_len -
cur_len)]
        masks += [[1] * cur_len + [0] * (max_len - cur_len)]
```

```
        labels += [[1] * len(context) + [0] * (max_len - len(context))]
        batch = (torch.tensor(centers).view(-1, 1),
torch.tensor(contexts_negatives),
            torch.tensor(masks), torch.tensor(labels))
    return batch
```

用刚刚定义的 batchify 函数指定 DataLoader 实例中小批量的读取方式,然后打印读取的第一个批量中各个变量的形状,代码如下:

```
batch_size = 256
num_workers = 0 if sys.platform.startswith('win32') else -1

dataset = MyDataset(all_centers, all_contexts, all_negatives)
data_iter = Data.DataLoader(dataset, batch_size, shuffle=True,
                            collate_fn=batchify,
                            num_workers=num_workers)
for batch in data_iter:
    for name, data in zip(['centers', 'contexts_negatives', 'masks',
'labels'], batch):
        print(name, 'shape:', data.shape)
    break
```

7.2.2 搭建网络模型

上一节已经完成了《哈利·波特与魔法石》数据集的加载,下面开始搭建模型。

首先,设置模型的损失函数,代码如下:

```
class SigmoidBinaryCrossEntropyLoss(nn.Module):
    def __init__(self):
        super(SigmoidBinaryCrossEntropyLoss, self).__init__()
    def forward(self, inputs, targets, mask=None):
        inputs, targets, mask = inputs.float(), targets.float(),
mask.float()
        res = nn.functional.binary_cross_entropy_with_logits(inputs,
targets, reduction="none", weight=mask)
        res = res.sum(dim=1) / mask.float().sum(dim=1)
        return res


loss = SigmoidBinaryCrossEntropyLoss()
```

```
def sigmd(x):
    return - math.log(1 / (1 + math.exp(-x)))
```

然后初始化模型参数，代码如下：

```
embed_size = 200
net = nn.Sequential(nn.Embedding(num_embeddings=len(idx_to_token),
embedding_dim=embed_size),
                    nn.Embedding(num_embeddings=len(idx_to_token),
embedding_dim=embed_size))
```

7.2.3　训练网络模型

上一节已经搭建好模型，本节将对上述搭建的模型进行训练，从而为后续模型的应用提供基础。

在前向训练计算中，跳字模型的输入包含中心词索引 center 以及连结的背景词与噪声词索引 contexts_and_negatives。其中 center 变量的形状为 (批量大小，1)，而 contexts_and_negatives 变量的形状为(批量大小, max_len)。这两个变量先通过词嵌入层分别由词索引变换为词向量，再通过小批量乘法得到形状为(批量大小, 1, max_len)的输出。输出中的每个元素是中心词向量与背景词向量或噪声词向量的内积。

```
def skip_gram(center, contexts_and_negatives, embed_v, embed_u):
    v = embed_v(center)
    u = embed_u(contexts_and_negatives)
    pred = torch.bmm(v, u.permute(0, 2, 1))
    return pred
```

下面定义训练函数。由于填充项的存在，与之前的训练函数相比，损失函数的计算稍有不同，代码如下：

```
def train(net, lr, num_epochs):
    device = torch.device('cuda' if torch.cuda.is_available() else 'cpu')
    print("train on", device)
    net = net.to(device)
    optimizer = torch.optim.Adam(net.parameters(), lr=lr)
    for epoch in range(num_epochs):
        start, l_sum, n = time.time(), 0.0, 0
        for batch in data_iter:
```

```
                center, context_negative, mask, label = [d.to(device) for d in
batch]
                pred = skip_gram(center, context_negative, net[0], net[1])
                l = loss(pred.view(label.shape), label, mask).mean()
                optimizer.zero_grad()
                l.backward()
                optimizer.step()
                l_sum += l.cpu().item()
                n += 1
        print('epoch %d, loss %.2f, time %.2fs'
              % (epoch + 1, l_sum / n, time.time() - start))

train(net, 0.01, 5)
```

7.2.4 应用网络模型

训练好词嵌入模型之后，我们可以根据两个词向量的余弦相似度表示词与词之间在语义上的相似度。可以看到，使用训练得到的词嵌入模型时，与词 chip 语义最接近的词大多与芯片有关，代码如下：

```
def get_similar_tokens(query_token, k, embed):
    W = embed.weight.data
    x = W[token_to_idx[query_token]]

    cos = torch.matmul(W, x) / (torch.sum(W * W, dim=1) * torch.sum(x *
x) + 1e-9).sqrt()
    _, topk = torch.topk(cos, k=k+1)
    topk = topk.cpu().numpy()
    for i in topk[1:]:
        print('cosine sim=%.3f: %s' % (cos[i], (idx_to_token[i])))

get_similar_tokens('Dursley', 5, net[0])
```

输出如下：

余弦相似度 = 0.265: boys
余弦相似度 = 0.252: fire
余弦相似度 = 0.249: ahead
余弦相似度 = 0.232: underneath

余弦相似度 = 0.220: owls

7.3 动手练习：Seq2Seq 实现机器翻译

为了更好地理解和应用自然语言处理中的 Seq2Seq 模型，本节通过实际案例介绍基于该模型进行机器翻译。

7.3.1 加载数据集

本案例所使用的数据集是由多个英文语句及其对应的中文翻译构成的，且分为训练集和测试集两个文件，具体如图 7-4 所示。

图 7-4 案例数据集

首先，导入建模过程中需要的 Python 库，代码如下：

```
import os
import sys
import math
from collections import Counter
import numpy as np
import random
import torch
import torch.nn as nn
```

```
import torch.nn.functional as F
import nltk
```

定义读取本地数据的函数，代码如下：

```
def load_data(in_file):
    cn = []
    en = []
    num_examples = 0
    with open(in_file, 'r', encoding='utf8') as f:
        for line in f:
            line = line.strip().split('\t')

            en.append(['BOS'] + nltk.word_tokenize(line[0].lower()) +
['EOS'])
            cn.append(['BOS'] + [c for c in line[1]] + ['EOS'])

    return en, cn


train_file = './data/train.txt'
dev_file = './data/test.txt'
train_en, train_cn = load_data(train_file)
dev_en, dev_cn = load_data(dev_file)
```

然后构建单词表函数，代码如下：

```
UNK_IDX = 0
PAD_IDX = 1
def build_dict(sentences, max_words = 50000):
    word_count = Counter()
    for sentence in sentences:
        for word in sentence:
            word_count[word] += 1

    ls = word_count.most_common(max_words)
    total_words = len(ls) + 2

    word_dict = {w[0] : index + 2 for index, w in enumerate(ls)}
    word_dict['UNK'] = UNK_IDX
    word_dict['PAD'] = PAD_IDX
```

```
    return word_dict, total_words

en_dict, en_total_words = build_dict(train_en)
cn_dict, cn_total_words = build_dict(train_cn)
inv_en_dict = {v: k for k, v in en_dict.items()}
inv_cn_dict = {v: k for k, v in cn_dict.items()}
```

把单词全部转变成数字，设置 sort_by_len 为 True，这是为了使得一个 batch 中的句子长度差不多，所以按长度排序，代码如下：

```
def encode(en_sentences, cn_sentences, en_dict, cn_dict,
sort_by_len=True):
    length = len(en_sentences)
    out_en_sentences = [[en_dict.get(w, 0) for w in sent] for sent in
en_sentences]
    out_cn_sentences = [[cn_dict.get(w, 0) for w in sent] for sent in
cn_sentences]


    def len_argsort(seq):
        return sorted(range(len(seq)), key=lambda x: len(seq[x]))


    #顺序排序
    if sort_by_len:
        sorted_index = len_argsort(out_en_sentences)
        out_en_sentences = [out_en_sentences[i] for i in sorted_index]
        out_cn_sentences = [out_cn_sentences[i] for i in sorted_index]


    return out_en_sentences, out_cn_sentences

train_en, train_cn = encode(train_en, train_cn, en_dict, cn_dict)
dev_en, dev_cn = encode(dev_en, dev_cn, en_dict, cn_dict)
```

把全部句子分批，定义相应函数的代码，代码如下：

```
def get_minibatches(n, minibatch_size, shuffle=True):
    idx_list = np.arange(0, n, minibatch_size)
    if shuffle:
        np.random.shuffle(idx_list)
    minibatches = []
```

```python
    for idx in idx_list:
        minibatches.append(np.arange(idx, min(idx + minibatch_size, n)))
    return minibatches


def prepare_data(seqs):
    lengths = [len(seq) for seq in seqs]
    n_samples = len(seqs)
    max_len = np.max(lengths)

    x = np.zeros((n_samples, max_len)).astype('int32')
    x_lengths = np.array(lengths).astype('int32')

    for idx, seq in enumerate(seqs):
        x[idx, :lengths[idx]] = seq

    return x, x_lengths


def gen_examples(en_sentences, cn_sentences, batch_size):
    minibatches = get_minibatches(len(en_sentences), batch_size)
    all_ex = []
    for minibatch in minibatches:
        mb_en_sentences = [en_sentences[t] for t in minibatch]
        mb_cn_sentences = [cn_sentences[t] for t in minibatch]
        mb_x, mb_x_len = prepare_data(mb_en_sentences)
        mb_y, mb_y_len = prepare_data(mb_cn_sentences)
        all_ex.append((mb_x, mb_x_len, mb_y, mb_y_len))

    return all_ex

batch_size = 64
train_data = gen_examples(train_en, train_cn, batch_size)
dev_data = gen_examples(dev_en, dev_cn, batch_size)
```

以上完成了数据集的加载。

7.3.2　搭建网络模型

在完成数据集的加载之后，开始搭建网络模型，具体步骤如下：

定义计算损失的函数，代码如下：

```
class LanguageModelCriterion(nn.Module):
    def __init__(self):
        super(LanguageModelCriterion, self).__init__()

    def forward(self, input, target, mask):
        input = input.contiguous().view(-1, input.size(2))
        target = target.contiguous().view(-1, 1)
        mask = mask.contiguous().view(-1, 1)
        output = -input.gather(1, target) * mask
        output = torch.sum(output) / torch.sum(mask)

        return output
```

Encoder 模型的任务是把输入文字传入 Embedding 层和 GRU 层，转换成一些隐藏状态（hidden states）作为后续的上下文向量（context vectors），代码如下：

```
class PlainEncoder(nn.Module):
    def __init__(self, vocab_size, hidden_size, dropout=0.2):
        super(PlainEncoder, self).__init__()
        self.embed = nn.Embedding(vocab_size, hidden_size)
        self.rnn = nn.GRU(hidden_size, hidden_size, batch_first=True)
        self.dropout = nn.Dropout(dropout)

    def forward(self, x, lengths):
        sorted_len, sorted_idx = lengths.sort(0, descending=True)
        x_sorted = x[sorted_idx.long()]
        embedded = self.dropout(self.embed(x_sorted))

        packed_embedded = nn.utils.rnn.pack_padded_sequence(embedded,
sorted_len.long().cpu().data.numpy(), batch_first=True)
        packed_out, hidden = self.rnn(packed_embedded)
        out, _ = nn.utils.rnn.pad_packed_sequence(packed_out,
batch_first=True)

        _, original_idx = sorted_idx.sort(0, descending=False)

        out = out[original_idx.long()].contiguous()
```

```
    hidden = hidden[:, original_idx.long()].contiguous()

    return out, hidden[[-1]]
```

Decoder 会根据已经翻译的句子内容和 context vectors 来决定下一个输出的单词，代码如下：

```
class PlainDecoder(nn.Module):
    def __init__(self, vocab_size, hidden_size, dropout=0.2):
        super(PlainDecoder, self).__init__()
        self.embed = nn.Embedding(vocab_size, hidden_size)
        self.rnn = nn.GRU(hidden_size, hidden_size, batch_first=True)
        self.fc = nn.Linear(hidden_size, vocab_size)
        self.dropout = nn.Dropout(dropout)

    def forward(self, y, y_lengths, hid):
        sorted_len, sorted_idx = y_lengths.sort(0, descending=True)
        y_sorted = y[sorted_idx.long()]
        hid = hid[:, sorted_idx.long()]

        y_sorted = self.dropout(self.embed(y_sorted))

        packed_seq = nn.utils.rnn.pack_padded_sequence(y_sorted,
sorted_len.long().cpu().data.numpy(), batch_first=True)
        out, hid = self.rnn(packed_seq, hid)
        unpacked, _ = nn.utils.rnn.pad_packed_sequence(out,
batch_first=True)

        _, original_idx = sorted_idx.sort(0, descending=False)
        output_seq = unpacked[original_idx.long()].contiguous()
        hid = hid[:, original_idx.long()].contiguous()

        output = F.log_softmax(self.fc(output_seq), -1)

        return output, hid
```

构建 Seq2Seq 模型把 encoder、attention、decoder 串到一起，代码如下：

```
class PlainSeq2Seq(nn.Module):
    def __init__(self, encoder, decoder):
```

```python
        super(PlainSeq2Seq, self).__init__()
        self.encoder = encoder
        self.decoder = decoder

    def forward(self, x, x_lengths, y, y_lengths):
        encoder_cut, hid = self.encoder(x, x_lengths)
        output, hid = self.decoder(y, y_lengths, hid)

        return output, None


    def translate(self, x, x_lengths, y, max_length=10):
        encoder_cut, hid = self.encoder(x, x_lengths)
        preds = []
        batch_size = x.shape[0]
        attns = []

        for i in range(max_length):
            output, hid = self.decoder(y=y,
y_lengths=torch.ones(batch_size).long().to(device), hid=hid)

            y = output.max(2)[1].view(batch_size, 1)
            preds.append(y)

        return torch.cat(preds, 1), None
```

定义模型、损失、优化器，代码如下：

```python
dropout = 0.2
hidden_size = 100
encode = PlainEncoder(vocab_size=en_total_words,
hidden_size=hidden_size, dropout=dropout)
decoder = PlainDecoder(vocab_size=cn_total_words,
hidden_size=hidden_size, dropout=dropout)

model = PlainSeq2Seq(encode, decoder)
model = model.to(device)

loss_fn = LanguageModelCriterion().to(device)
```

```
optimizer = torch.optim.Adam(model.parameters())
```

现在我们已经搭建好了网络模型。

7.3.3 训练网络模型

在搭建好网络模型之后，还需要对网络模型进行训练。

训练网络模型的代码如下：

```
def train(model, data, num_epochs=20):
    for epoch in range(num_epochs):
        model.train()
        total_num_words = total_loss = 0.
        for it, (mb_x, mb_x_len, mb_y, mb_y_len) in enumerate(data):
            mb_x = torch.from_numpy(mb_x).to(device).long()
            mb_x_len = torch.from_numpy(mb_x_len).to(device).long()

            mb_input = torch.from_numpy(mb_y[:, :-1]).to(device).long()
            mb_output = torch.from_numpy(mb_y[:, 1:]).to(device).long()

            mb_y_len = torch.from_numpy(mb_y_len - 1).to(device).long()
            mb_y_len[mb_y_len <= 0] = 1

            mb_pred, attn = model(mb_x, mb_x_len, mb_input, mb_y_len)

            mb_out_mask = torch.arange(mb_y_len.max().item(),
device=device)[None, :] < mb_y_len[:, None]
            mb_out_mask = mb_out_mask.float()

            loss = loss_fn(mb_pred, mb_output, mb_out_mask)

            num_words = torch.sum(mb_y_len).item()
            total_loss += loss.item() * num_words
            total_num_words += num_words

            #更新模型
            optimizer.zero_grad()
            loss.backward()
            torch.nn.utils.clip_grad_norm_(model.parameters(), 5.)
```

```
        optimizer.step()

        if it % 100 == 0:
            print("Epoch: ", epoch, 'iteration', it, 'loss:',
loss.item())

    print("迭代次数", epoch, "训练损失", total_loss / total_num_words)

    if epoch % 5 == 0:
        evaluate(model, dev_data)

torch.save(model.state_dict(), 'model.pt')
```

定义评估模型损失的函数，代码如下：

```
def evaluate(model, data):
    model.eval()
    total_num_words = total_loss = 0.

    with torch.no_grad():

        for it, (mb_x, mb_x_len, mb_y, mb_y_len) in enumerate(data):
            mb_x = torch.from_numpy(mb_x).to(device).long()
            mb_x_len = torch.from_numpy(mb_x_len).to(device).long()
            mb_input = torch.from_numpy(mb_y[:, :-1]).to(device).long()
            mb_output = torch.from_numpy(mb_y[:, 1:]).to(device).long()
            mb_y_len = torch.from_numpy(mb_y_len-1).to(device).long()
            mb_y_len[mb_y_len<=0] = 1

            mb_pred, attn = model(mb_x, mb_x_len, mb_input, mb_y_len)
            mb_out_mask = torch.arange(mb_y_len.max().item(),
device=device)[None, :] < mb_y_len[:, None]
            mb_out_mask = mb_out_mask.float()

            loss = loss_fn(mb_pred, mb_output, mb_out_mask)
            num_words = torch.sum(mb_y_len).item()
            total_loss += loss.item() * num_words
            total_num_words += num_words
```

```
    print("损失评估", total_loss / total_num_words)

train(model, train_data, num_epochs=10)
```

7.3.4　应用网络模型

下面应用建立的网络模型，代码如下：

```
def translate_dev(i):
    en_sent = " ".join([inv_en_dict[w] for w in dev_en[i]])
    print(en_sent)
    cn_sent = " ".join([inv_cn_dict[w] for w in dev_cn[i]])
    print("".join(cn_sent))

    mb_x = torch.from_numpy(np.array(dev_en[i]).reshape(1,
-1)).long().to(device)
    mb_x_len =
torch.from_numpy(np.array([len(dev_en[i])])).long().to(device)
    bos = torch.Tensor([[cn_dict["BOS"]]]).long().to(device)

    translation, attn = model.translate(mb_x, mb_x_len, bos)
    translation = [inv_cn_dict[i] for i in
translation.data.cpu().numpy().reshape(-1)]
    trans = []
    for word in translation:
        if word != "EOS":
            trans.append(word)
        else:
            break
    print("".join(trans))

#导入训练模型
model.load_state_dict(torch.load('model.pt', map_location=device))
for i in range(1, 5):
    translate_dev(i)
    print()
```

当训练 10 次时，输出如下：

```
BOS choose what we like . EOS
```

```
BOS 选 我 们 喜 欢 的 。 EOS
我们喜欢的时间。

BOS choose one you like . EOS
BOS 选 一 个 你 喜 欢 的 。 EOS
你喜欢的。

BOS i want to eat candy . EOS
BOS 我 想 吃 糖 。 EOS
我想要一杯咖啡。

BOS i was n't busy tomorrow . EOS
BOS 我 明 天 不 忙 。 EOS
我没有任何事。
```

7.4　动手练习：Attention 模型实现文本自动分类

为了更好地理解和应用自然语言处理中的 Attention 模型，本节通过实际案例介绍基于该模型实现对文本的自动分类。

7.4.1　加载数据集

首先，导入建模过程中需要的 Python 库，代码如下：

```
import math
import time
import numpy as np
import torch
import torch.nn.functional as F
import torchtext
```

加载数据，创建词向量，创建迭代器，代码如下：

```
BATCH_SIZE = 128
LEARNING_RATE = 1e-3
EMBEDDING_DIM = 100
torch.manual_seed(99)
```

```
TEXT = torchtext.legacy.data.Field(tokenize=lambda x: x.split(),
lower=True)
    LABEL = torchtext.legacy.data.LabelField(dtype=torch.float)

    def get_dataset(corpur_path, text_field, label_field):
        fields = [('text', text_field), ('label', label_field)]
        examples = []
        with open(corpur_path) as f:
            li = []
            while True:
                content = f.readline().replace('\n', '')
                if not content:
                    if not li:
                        break
                    label = li[0][10]
                    text = li[1][6:-7]

examples.append(torchtext.legacy.data.Example.fromlist([text, label],
fields))
                    li = []
                else:
                    li.append(content)

        return examples, fields

    train_examples, train_fields = get_dataset("corpurs/trains.txt", TEXT,
LABEL)
    dev_examples, dev_fields = get_dataset("corpurs/dev.txt", TEXT, LABEL)
    test_examples, test_fields = get_dataset("corpurs/tests.txt", TEXT,
LABEL)

    #构建数据集
    train_data = torchtext.legacy.data.Dataset(train_examples,
train_fields)
    dev_data = torchtext.legacy.data.Dataset(dev_examples, dev_fields)
    test_data = torchtext.legacy.data.Dataset(test_examples, test_fields)
```

```
print('len of train data:', len(train_data))
print('len of dev data:', len(dev_data))
print('len of test data:', len(test_data))

#创建词向量
TEXT.build_vocab(train_data, max_size=5000, vectors='glove.6B.100d')
LABEL.build_vocab(train_data)
print(len(TEXT.vocab))

#创建迭代器
train_iterator, dev_iterator, test_iterator =
torchtext.legacy.data.BucketIterator.splits(
    (train_data, dev_data, test_data),
    batch_size=BATCH_SIZE,
    sort = False)
```

以上我们加载完成了数据集。下面开始搭建网络模型。

7.4.2　搭建网络模型

编写搭建网络模型的代码如下：

```
class BiLSTM_Attention(torch.nn.Module):
    def __init__(self, vocab_size, embedding_dim, hidden_dim, n_layers):
        super(BiLSTM_Attention, self).__init__()

        self.hidden_dim = hidden_dim
        self.n_layers = n_layers
        self.embedding = torch.nn.Embedding(vocab_size, embedding_dim)
        self.rnn = torch.nn.LSTM(embedding_dim, hidden_dim,
num_layers=n_layers, bidirectional=True, dropout=0.5)
        self.fc = torch.nn.Linear(hidden_dim * 2, 1)
        self.dropout = torch.nn.Dropout(0.5)

        self.w_omega = torch.nn.Parameter(torch.Tensor(hidden_dim * 2,
hidden_dim * 2))
        self.u_omega = torch.nn.Parameter(torch.Tensor(hidden_dim * 2,
1))

        torch.nn.init.uniform_(self.w_omega, -0.1, 0.1)
```

```
        torch.nn.init.uniform_(self.u_omega, -0.1, 0.1)

    def attention_net(self, x):
        u = torch.tanh(torch.matmul(x, self.w_omega))
        att = torch.matmul(u, self.u_omega)
        att_score = F.softmax(att, dim=1)
        scored_x = x * att_score
        context = torch.sum(scored_x, dim=1)
        return context

    def forward(self, x):
        embedding = self.dropout(self.embedding(x))
        output, (final_hidden_state, final_cell_state) =
self.rnn(embedding)
        output = output.permute(1, 0, 2)

        attn_output = self.attention_net(output)
        logit = self.fc(attn_output)
        return logit
```

应用搭建的网络模型，代码如下：

```
rnn = BiLSTM_Attention(len(TEXT.vocab), EMBEDDING_DIM, hidden_dim=64,
n_layers=2)

pretrained_embedding = TEXT.vocab.vectors
print('pretrained_embedding:', pretrained_embedding.shape)
rnn.embedding.weight.data.copy_(pretrained_embedding)
print('embedding layer inited.')

optimizer = optim.Adam(rnn.parameters(), lr=LEARNING_RATE)
criteon = torch.nn.BCEWithLogitsLoss()
```

至此，网络模型搭建完成。下面开始对网络模型进行训练。

7.4.3 训练网络模型

定义计算模型准确率等函数，代码如下：

```
#计算准确率
```

```python
def binary_acc(preds, y):
    preds = torch.round(torch.sigmoid(preds))
    correct = torch.eq(preds, y).float()
    acc = correct.sum() / len(correct)
    return acc

#训练模型
def train(rnn, iterator, optimizer, criteon):
    avg_loss = []
    avg_acc = []
    rnn.train()

    for i, batch in enumerate(iterator):
        pred = rnn(batch.text).squeeze()
        loss = criteon(pred, batch.label)
        acc = binary_acc(pred, batch.label).item()
        avg_loss.append(loss.item())
        avg_acc.append(acc)
        optimizer.zero_grad()
        loss.backward()
        optimizer.step()

    avg_acc = np.array(avg_acc).mean()
    avg_loss = np.array(avg_loss).mean()
    return avg_loss, avg_acc
```

定义模型评估函数，代码如下：

```python
#评估函数
def evaluate(rnn, iterator, criteon):
    avg_loss = []
    avg_acc = []
    rnn.eval()

    with torch.no_grad():
        for batch in iterator:
            pred = rnn(batch.text).squeeze()
            loss = criteon(pred, batch.label)
            acc = binary_acc(pred, batch.label).item()
```

```
            avg_loss.append(loss.item())
            avg_acc.append(acc)

    avg_loss = np.array(avg_loss).mean()
    avg_acc = np.array(avg_acc).mean()
    return avg_loss, avg_acc
```

训练模型的代码如下：

```
#训练模型，并打印模型的表现
best_valid_acc = float('-inf')

for epoch in range(30):
    start_time = time.time()
    train_loss, train_acc = train(rnn, train_iterator, optimizer,
criteon)
    dev_loss, dev_acc = evaluate(rnn, dev_iterator, criteon)
    end_time = time.time()
    epoch_mins, epoch_secs = divmod(end_time - start_time, 60)

    if dev_acc > best_valid_acc:
        best_valid_acc = dev_acc
        torch.save(rnn.state_dict(), 'wordavg-model.pt')

    print(f'迭代次数: {epoch+1:02} | 迭代时间: {epoch_mins}m
{epoch_secs:.2f}s')
    print(f'\t 训练集损失: {train_loss:.3f} | 训练集准确率:
{train_acc*100:.2f}%')
    print(f'\t 验证集损失: {dev_loss:.3f} | 验证集准确率:
{dev_acc*100:.2f}%')
```

随着模型迭代次数的增加，训练集和验证集上的损失逐渐减小，准确率逐渐增加，输出如下：

```
迭代次数: 01 | 迭代时间: 0.0m 1.94s
        训练集损失: 0.122 | 训练集准确率: 95.67%
        验证集损失: 0.836 | 验证集准确率: 72.66%
迭代次数: 02 | 迭代时间: 0.0m 1.89s
        训练集损失: 0.103 | 训练集准确率: 96.32%
        验证集损失: 0.754 | 验证集准确率: 77.08%
```

......

迭代次数：30 ｜ 迭代时间：0.0m 2.34s
训练集损失：0.017 ｜ 训练集准确率：99.51%
验证集损失：1.441 ｜ 验证集准确率：69.10%

7.4.4　应用网络模型

下面用前面创建和保存的模型预测测试集数据，代码如下：

```
rnn.load_state_dict(torch.load("wordavg-model.pt"))
test_loss, test_acc = evaluate(rnn, test_iterator, criteon)
print(f'测试集损失：{test_loss:.3f} ｜ 测试集准确率：{test_acc*100:.2f}%')
```

输出如下：

测试集损失：0.625 ｜ 测试集准确率：82.22%

测试集准确率为 **82.22%**。

7.5　练习题

练习 1：简述 Word2Vec 模型，并介绍在 PyTorch 中的具体实现步骤。

练习 2：简述 Seq2Vec 模型，并介绍在 PyTorch 中的具体实现步骤。

练习 3：简述 Attention 模型，并介绍在 PyTorch 中的具体实现步骤。

第 8 章

PyTorch 音频建模

随着当前移动平台计算能力的不断提高，出现了越来越多的基于音频的各类应用，所涉及的音频处理算法一直是相关研究领域的重点。本章介绍基于 PyTorch 的音频建模技术及其案例。

8.1　音频处理及应用

相比于图像数据，音频信号往往可使用相对简单的设备进行采集并且占用更少的存储空间和处理时间。本节介绍音频处理及其主要应用。

8.1.1　音频处理技术

2021 年 4 月 12 日，微软宣布以 197 亿美元现金收购智能语音巨头 Nuance，Nuance 在医疗保健领域所提供的对话式 AI 和基于云端的医学解决方案具有较高竞争力，这也是微软进行这次收购的直接动力。Nuance 公司最出名的是它的 Dragon，这是一款语音转录软件，它能通过深度学习技术不断提高对用户声音识别的准确性。Nuance 已经为许多服务和应用程序授权了这项技术，其中最著名的是苹果的语音助手 Siri。

近年来，随着嵌入式和个人移动计算平台的普及及其上多媒体数据处理技术的发展，越来越多的智能手机和多种嵌入式设备都配有声音传感器和高性能 CPU，这使得面向个人日常应用的音频信息获取与处理成为可能，相当多应用已经将声音作为一种普通数据形式包括在内，出现了基于音频的多媒体数据检索、环境检测与自适应等多种形式的应用，在其中音频信号的处理可单独作为一个系统或与其他类型媒体数据的处理相结合。

与基于视觉的方法相比，声音在视线障碍、不利光照条件等情况下可起到视觉数据无法替代的作用，是视觉的重要补充，并且相比于图像数据，音频信号往往可以使用相对简单的设备进行采集，并且占用更少的存储空间和处理时间，从而更便于其应用的普及。与之相适应，针对音频数据应用中涉及的关键算法和模型，研究者在音频信号处理及其基础上分析与提取语义信息方面开展了许多工作，在音频摘要、场景感知、音乐风格或流派分类等各方面取得了较大进展，提出了一些有代表性且适用面广的高效方法。

作为音频信号处理与应用的一个重要方面，从一段音频数据中提取其所属环境类别等语义信息具有重要的研究与应用价值，一方面促进了新形式的多媒体设备或应用软件的出现，另一方面支持对现有设备和应用功能的扩展和完善。举例来说，从采集的声音信号中获得关于当前所处环境的类别信息，手机能够自动地转换操作模式或者根据环境的改变提供定制的信息，这在某些特殊的情况下是非常有用的。此外，有听力障碍的人通常依靠诸如助听器等辅助设备来获取周围的声音，通过在这些辅助器具上实现基于听觉线索确定当前所处环境并相应设计自动转换功能 LW，可使辅助器具在帮助人感知周围环境方面发挥更大的作用。

通过提升算法从声音数据中自动获得所处环境类别等信息，模拟了人类理解声音上下文及其语义的能力。举例来说，给定一段由会谈、笑声、音乐、叉子和餐具等声音元素组成的音频数据，场景感知系统能够自动推断出这很可能发生在餐馆中，而不是在移动的车辆中，就像视觉上看到一张包含上述对象和相互交谈的客人的照片，根据其特征，我们能够推断这可能是在一个餐馆中。此类基于音频处理与分析提高应用系统的环境感知能力，将随着设备计算性能的不断提高和相关算法的逐渐成熟得到越来越广泛的应用。

具体来看，自动识别一段音频样本所属的场景类别涉及两方面的工作：音频场景的建模和场景中出现的对象和事件的检测。这里，音频场景指的是对一个特定场所（如餐馆、汽车站、会议室等）的基于其音频特性的建模。一个音频场景通常包括多种声音事件（称为音效），音效是具有独特且相对一致属性的较短声音片段，对应一个场景中特定的对象或事件，如笑声、鸣笛声、枪炮声等。

经过数十年的不断研究与发展，在信号与音频处理领域已经存在大量关于声音信号分析和识别的研究工作，提出了各种类型的时域或频域音频特征及其处理模型，比如著名的 Mel频率倒谱系数（MFCC）。但是之前的大多数工作将注意力放在语音和音乐这类结构化的声音上，而环境声音是典型的非结构声音，这样的声音往往有类似于噪声的较宽的频谱以及多样性的信号分解，很难对其进行建模分析。

8.1.2　音频摘要及应用

音频摘要是将一段持续时间较长的音频中的变化点找出来组成新的音频，新的音频在时间上短了很多，但是包含原音频中比较受关注的部分。视频摘要可以理解成提炼一段长视频的提纲，即把视频中的关键部分提炼出来，使得即使不完整地看完整个视频，也能知道该视频中记录了什么。这对于监控录像是非常有用的，监控录像一般时间都是很长的，而且大部分时间都很平常，没有意外事件发生，只有在某些时刻可能会出现人们感兴趣的事件，可以把这些做成摘要，使得只浏览这些部分就能掌握整个视频的内容。音频摘要与之类似，是从声音的角度分析一段长音频中出现的可能的转折点，将这些部分串起来组成原音频的摘要。在视频摘要算法中加入对音频信息的分析是很有必要的，因为音频中蕴含的信息有时能够起到非常重要的作用，结合声音和图像的分析能够得到更好的视频摘要结果。

为了能够实现将视频中的图像信息和声音信息结合起来进行场景变化的检测，参考视频中的感兴趣程度曲线，打算在声音中也得到类似的曲线，这条曲线需要很清楚地表明人们感兴趣程度的一个量化值，当然每个值是随音频时间的推进而变化的。因此，提出了可以达到这个目的的基于特征值的一种方法，首先将一段音频流截成等长的非重叠小段，可以将提取的一个 MFCC 特征作为一个小段的特征表示，计算所有特征的均值，然后将原音频段均值零化，得到特征矩阵 X，计算 X 的协方差矩阵 C，求 C 的特征值和特征向量，将特征向量组织成矩阵 E，把原来的 X 映射到特征空间。可以根据原来音频的特点，在原音频中找一段没有人声的相对较安静的音频作为背景音，抽取背景音的 MFCC 特征均值，在均值中同样减去前面计算的均值，得到 F，计算 T 中各向量与 F 的欧氏距离，作为声音感兴趣程度的度量值。采用该方法在生活大爆炸的一段音频上进行实验，成功得到了有笑声的那些点，说明该方法的有效性，但是对背景音的明确定义还需要进一步的研究。

在视频摘要提取算法中融入音频信息是非常明智的，在很多情况下，场景的改变或者场景中出现不平常的事件时，往往伴随着声音的变化，如足球比赛或篮球比赛进球后，一般都会伴随有人的欢呼声，以此就可以提取出比赛中进球的关键时刻做成视频摘要。

8.1.3 音频识别及应用

音频识别主要是为了检索的方便，以在大量的音频文件中找到与目标音频相同情感或相同流派的音频。随着大量多媒体数据的产生，一些研究者将研究集中在多媒体数据的高效使用上，为了改善浏览和检索的有效性，广泛研究流派分类方法。

对于音频轨段，提出了一些方法来区分音频的不同种类和音乐的流派分类，对于视频内容，通过探索各种各样的特征实现对电影的流派和电视节目的自动分类。在这些内容分析方法中，利用从音频、视频及文字中提取的各种特征有效地处理多媒体内容的使用和检索问题。

可以将音频分成 4 类，即语音、音乐、环境音和静音。首先对于待处理的音频流，先提取特征，然后根据 K 近邻分类算法和 Linear Spectral Pairs-Vector Quantization（XSP-VQ）将音频分为语音和非语音两个大类。如果是语音类，则要考虑对不同说话者的分割，即需要检测不同说话者说话的分隔点；如果是非语音类，则需要进一步进行细化分类，即进行音乐、环境音和静音的分类。因此，提出了一种根据音频类型实现对音频流进行分割和分类的方法。首先，执行静音检测过程，通过不考虑 Hamming 能量低于所有帧能量平均值的部分删除音频流中的静音部分；然后提取用于分割的 MFCC 特征，在这些特征上做基于最小描述长度（Minimum Description Length，MDL）的高斯建模，使用上述模型将音频流分割成子段序列，每个小段内的特征是一致的；最后采用基于阈值的分层分类器将每小段归到不同的音频类。实现音频的分割和分类。阈值分类器考虑的音频类有 3 种，即语音、音乐及环境音（或噪音）。

关于音乐分类和识别的研究工作有很多，研究音乐视频剪辑的情感内容分析，其目的是在爆炸性增加的多媒体内容中找到吸引或者符合使用者当前情绪或情感状态的内容，为了达到这个目的，需要应用有效的索引技术来注解多媒体内容，以在后面检索有关内容的过程中使用。一种建立索引的方法是决定倾向（类型和强度），这可以在用户使用多媒体时感应到。通常有两种不同类型的情感模型，一种是类别模型（Categorical Model），另一种是维度模型（Dimensional Model）。类别模型的合理性在于有离散的情感基类型，任何其他的情感类型都能够通过组合情感类型得到，比如 Ekman 描述基本的情感类型有害怕、生气、伤心、高兴、厌恶和惊喜。维度模型描述的是情感的组件，经常使用的是二维空间或三维空间，情感就被表示成空间中的点。

8.1.4　音频监控及应用

由于传统视频监控系统受摄像机镜头和安装角度限制，监控区域很难做到无死角覆盖，即使通过多角度安装摄像机也无法保证全覆盖，由于摄像机图像采集受到诸多环境因素（例如现场照明、强光源干扰等）的影响而无法有效采集现场图像，而音频监控技术由于音频本身的技术特性，基本上不存监控死角，能更有效地掌控现场的实时情况，因此音频监控技术可以更好地弥补视频监控技术的不足。

音频监控经过多年的发展，已经可以做到通过声音的识别来判断说话人的情绪、所处的环境等问题。而在音频监控环节中，声纹识别提供了重要的技术支撑。声纹识别属于生物识别技术的一种，是一项根据语音波形反映说话人生理和行为特征的语音参数，自动识别说话人身份的技术。这里需要强调的是，和语音识别不同，声纹识别利用的是语音信号中的说话人信息，而不考虑语音中的字词意思，它强调说话人的个性，而语音识别的目的是识别出语音信号中的言语内容，并不考虑说话人是谁，它强调共性。

人们经常借助听觉来判断发音物体的位置。例如,当你独自行走时,突然听到一个响声,你会立刻判断这个声音是什么声音、对你有无威胁、它来自何方等。确定声音的方向和距离需要比较信息来源,虽然你会很快做出判断和反应,但声音定位过程是听觉系统复杂综合的功能。声音定位是通过强度差、时间差、因色差、相位差等来实现的。

同时,声音具有一系列独有的特征,如不受白天和黑夜的影响、不容易遮挡、具有方向性等。在球机上安置拾音器,对声音的方向进行定位,当检测到异常声音时控制球机到相应的位置,这样一来,在一定程度上就可以第一时间看到异常声音所处位置的实时视频,为判定事态提供了多种信息。

8.1.5 场景感知及其应用

场景感知主要是根据给定声音的特点分析出其应该属于的场景。

音频/听觉场景分析是从特定场景的复杂听觉环境(例如鸡尾酒会)中提取个别声源对象及其声音数据所携带的语义信息的处理过程。因为听觉场景分析无论是在感知方面还是在工程学中都有很重要的意义,对于处理听觉场景分析的兴趣已经引起了跨越工程学、人工智能学、神经系统科学等多学科研究的努力。早期听觉场景分析研究多使用自底向上(bottom-up)的方法,使用像 common onsets 或 modulations 送样的简单准则对低级感知信号进行分组,这些方法对音频数据中代表性声音激励元素的显著性有很强的依赖性,并在处理简单和可控性强的场景分析问题时具有很好的性能。近年来,部分方法引入了更加复杂的分析处理过程,对说话者声音特性及其时序演化进行了更深入的建模。

对复杂听觉场景的分析涉及自底向上和场景中的刺激驱动显著因素之间复杂的相互影响,这些显著因素有自上而下、目标导向、把关注点转移到场景的特定部分的机制。显著性是指那些明显的或者重要的信息,有一些关于音频显著性(Auditory Saliency)的模型,但是它们中大多都是从视觉显著性模型直接转换到听觉模型的,视觉显著性模型的成功是因为它们已经经过眼球追踪数据验证了,但是对听觉显著性则没有相似的指标。

Malcolm Slaney 等人提出了一种关注驱动的听觉场景分析模型,呈现了一种探索在模拟鸡尾酒会背景中两个过程之间相互作用的框架,模型改善了在多个谈话者交谈环境中对数字的识别,而模型的目的是跟踪说出最大数字的人。音频语义级别的内容分析在高效的内容检索和管理中至关重要,对一个时间序列中的几种音效的统计特性建模,算法分为两个阶段,包括音效建模和语义场景建模或检测,这种分层模型的设计为低级物理音频特征和高级语义概念之间的鸿沟架起了桥梁。在语义级别,用生成式模型(HMM)和判别式模型(SVM)对不同音效的特性和音效之间的相关性建模,以达到检测枪战和追车场景的目的。

8.2 音频特征提取步骤

在音频领域往往需要先学会音频特征提取，再进一步展开更多的其他工作。学会音频处理需要了解语音信号处理的各种知识，如傅里叶变换等。本节介绍音频特征提取方面的知识。

8.2.1 特征提取流程

在语音识别（Speech Recognition）和话者识别（Speaker Recognition）方面，常用到的语音特征就梅尔倒谱系数。梅尔倒谱系数是在 Mel 标度频率域提取出来的倒谱参数，Mel 标度描述了人耳频率的非线性特性，它与频率的关系可用下式近似表示：

$$\text{Mel}(f) = 2595 \times \lg(1 + f/700)$$

式中 f 为频率，单位为 Hz。

Mel 频率倒谱系数（MFCC）是在音频处理领域广泛使用的一种音频特征，集中描述了声音的听觉特性。MFCC 特征的计算考虑了人耳对不同频率的声波具有不同的听觉灵敏度，具体来说，声音在低频处掩蔽的临界带宽比高频部分小，因此计算 MFCC 特征时，需要按照临界带宽的大小在从低频到高频频带内设置一系列三角滤波器。输入的信号通过滤波器将输出的信号能量作为基本特征，在对该特征进行一些其他的操作后，就可将其看成是音频信号的特征用于其他处理。这样得到的特征与输入信号本身的特点无关，而且对输入信号没有特殊的要求，同时又考虑到了声音信号在听觉方面的特性，因此得到的音频信号特征与人耳的听觉特点符合，在噪声严重的情况下仍旧可以取得良好的表示能力。

MFCC 参数的提取过程如图 8-1 所示。

图 8-1　MFCC 参数的提取过程

接下来介绍计算 MFC 音频特征的具体步骤。

8.2.2 音频预处理

首先要对声音信号做预处理，包括预加重、分侦、加窗。预加重的过程就是将语音信号通过一个高通滤波器得到新的信号，如语音信号 $s(n)$ 通过高通滤波器 $H(z)=1-a \times (z-1)$ 预加重

后得到的信号为 $s_2(n)=s(n)-a×s(n-1)$，其中，系数 a 介于 0.9 和 1.0 之间。预加重的目的是补偿音频信号被隐藏的高频部分，从而凸显高频的共振峰。

预处理过程的第二个步骤是分帧，语音信号分帧的目的是将若干个取样点集合作为一个观测单位，即处理单位，一般认为 10~30ms 的语音信号是稳定的，比如采样率为 44.1kHz 的声音信号，取 20ms 长度为一个帧长，那么一个帧长由 44100×0.02=882 个取样点组成。通常为了避免相邻两帧之间的变化过大，会在两个相邻帧之间设置一段重叠区域，重叠区域的长度一般是帧长的一半或 1/3。

在完成预加重和分帧后，需要为每一帧乘上汉明窗，通常在处理语音信号时所说的对语音信号加窗是指控制一次仅处理窗中的数据，因为实际语音信号会很长，不能一次性处理完，而且也没必要这么做，只需要每次对一段数据进行分析。分析时只考虑一段数据是通过构造函数实现的，该函数在处理区间内取非零值，而在非处理区间内取值都为 0，汉明窗就是一个可以实现这个功能的函数，任何函数与这个函数相乘得到的结果总是有部分是非零值，其他全是 0。处理完一个窗内的数据就要移窗，同样取一半或 1/3 的重叠。汉明窗函数的形式如下：

$$w(n,a) = (1-a) - a × \cos\left(2\pi × \frac{n}{N-1}\right) \quad 0 \leqslant n \leqslant N\text{-}1$$

其中，N 是指处理数据点的个数，即帧长，分帧是靠窗函数截取原音频信号形成的，一般 a 取值为 0.46，故汉明窗函数还可以写成如下形式：

$$w(n) = \begin{cases} 0.54 - 0.46 × \cos(2\pi × \frac{n}{N-1}) & 0 \leqslant n \leqslant N \\ 0 & \text{其他} \end{cases}$$

加汉明窗后的声音信号如下：

$$s(n) = s(n) × w(n) \quad n = 0,1,\cdots,N-1$$

8.2.3　傅里叶变换

对于快速傅里叶变换（Fast Fourier Transform，FFT），前面得到的是在时域上的数据，但是信号在时域上的变化很难看出其特征，需要将其转化到频域上，以能量的分布情况代表语音的特性，在上一步中对声音信号加上汉明窗后，为每帧做快速傅里叶变换得到声音信号在频谱上的能量分布情况。

快速傅里叶变换是对离散傅里叶变换（DFT）的改进算法，快速算法实现的基本思想是分析原有变换的计算特点以及某些子运算的特殊性，想办法减少乘法和加法操作次数，换一种方式实现原变换的效果。语音信号的离散傅里叶变换如下：

$$S_a(k) = \sum_{n=0}^{N-1} s(n) \times e^{-j2\pi k/N} \quad 0 \leqslant k \leqslant N$$

$$\mathrm{mel}(f) = 2595 \times \lg\left(1 + \frac{f}{700}\right)$$

$$\mathrm{mel}(f) = 1125 \times \lg\left(1 + \frac{f}{700}\right)$$

其中 $s(n)$ 是加窗后的语音信号，N 表示傅里叶变换的点数。

8.2.4 能量谱处理

音频预处理后，就需要计算能量谱，即求频谱幅度的平方。将能量谱输入一组 Mel 频率的三角带通滤波器组，三角滤波器的中心频率为 $f(m)$，$m=1,2,\cdots,M$，$f(m)$ 的取值随 m 取值的减小而缩小，随着 m 取值的增大而变宽，Mel 频率代表的是一般人耳对于频率的感受度，其与一般的频率间的关系如下：

$$\mathrm{mel}(f) = 2595 \times \lg\left(1 + \frac{f}{700}\right)$$

也可以用下面的形式，其中 f 是一般频率，$\mathrm{mel}(f)$ 是 Mel 频率。

$$\mathrm{mel}(f) = 1125 \times \lg\left(1 + \frac{f}{700}\right)$$

可以发现人耳对频率的感受度是呈对数变化的，在高频部分对声音的感受越来越粗糙，在低频部分则相对敏感。三角滤波器引入的目的是平滑化频谱，消除谐波的作用，并突出原始信号的共振峰，因此 MFCC 参数不能呈现原始语音的音调或音高，即提取声音信号的 MFCC 特征时，不受语音音调的影响。三角滤波器的频率响应定义如下所示，其中：

$$\sum_{m=0}^{M-1} H_m(k) = 1$$

也可以用下式表示：

$$H_m(k) = \begin{cases} 0 & k < f(m-1) \\[2mm] \dfrac{2(k - f(m-1))}{(f(m+1) - f(m-1))(f(m) - f(m-1))} & f(m-1) \leqslant k \leqslant f(m) \\[2mm] \dfrac{2(f(m+1) - k)}{(f(m+1) - f(m-1))(f(m+1) - f(m))} & f(m) \leqslant k \leqslant f(m+1) \\[2mm] 0 & k \geqslant f(m-1) \end{cases}$$

再计算每个滤波器的输出能量，并取对数，如下：

$$S(m) = \ln(\sum_{k=0}^{N-1}|S_a(k)|^2 H_m(k)) \quad 0 \leqslant m \leqslant M$$

8.2.5 离散余弦转换

将对数能量进行离散余弦转换（Discrete Cosine Transform，DCT），得到的 $C(n)$ 即为 M 阶的 Mel 倒谱参数，通常取前 12 个作为最终的 MFCC 特征。

$$C(n) = \sum_{m=0}^{N-1} S(m) \cos\left(\frac{\pi n(m-0.5)}{M}\right) \quad 0 \leqslant n \leqslant M$$

上面得到的倒谱参数只能反映语音信号的静态特性，语音信号的动态特性采用静态特性的差分谱描述，结合动态和静态的特征能更有效地提高对信号的识别性能，计算差分参数的公式如下：

$$d_t = \begin{cases} C_{t+1} - C_t & t < K \\ \dfrac{\sum_{k=1}^{K} k(C_{t+k} - C_{t-k})}{\sqrt{2\sum_{k=1}^{K} k^2}} & 其他 \\ C_t - C_{t-1} & t \geqslant Q - K \end{cases}$$

其中 Q 表示的是倒谱系数的阶数，d_t 表示第 t 个一阶差分，C_t 表示第 t 个倒谱系数，K 表示的是一阶导数的时间差，取 1 或 2。

8.3 PyTorch 音频建模

随着音频技术的发展，人们对高质量音频的需求越来越强烈，而多声道音频可以满足人们的这种需求。本节介绍基于 PyTorch 的音频建模技术。

8.3.1 加载音频数据源

需要安装 torchaudio、soundfile，在 torchaudio 中加载文件时，可以选择指定后端以通过 torchaudio.set_audio_backend 使用 sox_io 或 SoundFile，其中 Windows 系统下使用 SoundFile，Linux/macOS 系统中使用 sox_io。这些后端在需要时会延迟加载。

导入相关库，代码如下：

```
import torch
import torchaudio
import soundfile
import matplotlib.pyplot as plt

torchaudio.set_audio_backend("soundfile")
```

torchaudio 支持以 **WAV** 和 **MP3** 格式加载声音文件。我们称波形为原始音频信号。

```
filename = "恭喜发财.mp3"
waveform,sample_rate = torchaudio.load(filename)
print("波形形状:{}".format(waveform.size()))
print("波形采样率:{}".format(sample_rate))
plt.figure()
plt.plot(waveform.t().numpy())
plt.show()
```

输出的原始音频信号的参数如下：

波形形状:`torch.Size([2, 8935836])`
波形采样率:`44100`

输出的原始音频信号如图 8-2 所示。

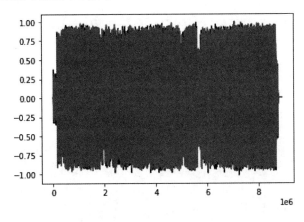

图 8-2　原始音频信号

8.3.2　波形变换的类型

目前，torchaudio 支持的波形转换类型如下：

● 重采样：将波形重采样为其他采样率。

● 频谱图：从波形创建频谱图。

- GriffinLim：使用Griffin-Lim转换从线性比例幅度谱图计算波形。
- ComputeDeltas：计算张量（通常是声谱图）的增量系数。
- ComplexNorm：计算复数张量的范数。
- MelScale：使用转换矩阵将正常STFT转换为Mel频率STFT。
- AmplitudeToDB：这将频谱图从功率/振幅标度变为分贝标度。
- MFCC：根据波形创建梅尔频率倒谱系数。
- MelSpectrogram：使用PyTorch中的STFT功能从波形创建Mel频谱图。
- MuLawEncoding：基于mu-law压扩对波形进行编码。
- MuLawDecoding：解码mu-law编码波形。
- TimeStretch：在不更改给定速率的音高的情况下，及时拉伸频谱图。
- FrequencyMasking：在频域中对频谱图应用屏蔽。
- TimeMasking：在时域中对频谱图应用屏蔽。

所有变换都是 nn.Modules 或 jit.ScriptModules，它们可以用作神经网络的一部分。

8.3.3　绘制波形频谱图

首先，我们可以以对数刻度查看频谱图的对数，代码如下：

```
specgram = torchaudio.transforms.Spectrogram()(waveform)
print("频谱图形状:{}".format(specgram.size()))
plt.figure()
plt.imshow(specgram.log2()[0,:,:].numpy(),cmap='gray',aspect="auto")
plt.show()
```

运行上述代码，输出如图 8-3 所示。

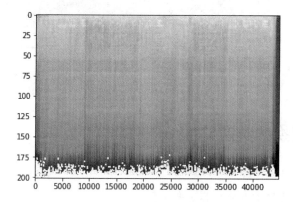

图 8-3　对数刻度查看频谱图

我们可以对数刻度查看梅尔频谱图，代码如下：

```
specgram = torchaudio.transforms.MelSpectrogram()(waveform)
print("梅尔频谱图形状:{}".format(specgram.size()))
plt.figure()
p = plt.imshow(specgram.log2()[0,:,:].detach().numpy(),cmap='viridis',
aspect="auto")
plt.show()
```

运行上述代码，输出如图 8-4 所示。

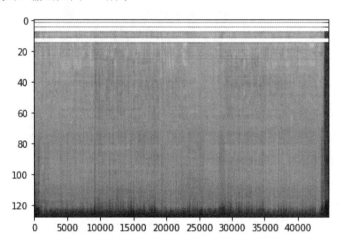

图 8-4 对数刻度查看梅尔频谱图

我们可以重新采样波形，一次一个通道，代码如下：

```
new_sample_rate = sample_rate/15
channel = 0
transformed = torchaudio.transforms.Resample(sample_rate,new_sample_
rate)(waveform[channel,:].view(1,-1))
print("变换后波形形状:{}".format(transformed.size()))
plt.figure()
plt.plot(transformed[0,:].numpy())
plt.show()
```

运行上述代码，输出如图 8-5 所示。

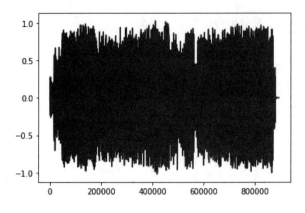

图 8-5　重新采样波形

8.3.4　波形 Mu-Law 编码

下面介绍音频处理时的 Mu-Law 与反 Mu-Law 变换。可以基于 Mu-Law 编码对信号进行编码，但是要做到这一点，我们需要信号在-1 和 1 之间。由于张量只是一个常规的 PyTorch 张量，因此可以在其上应用标准运算符，代码如下：

```
print("波形最小值:{}\n 波形最大值:{}\n 波形平均
值:{}".format(waveform.min(),waveform.max(),waveform.mean()))
```

输出如下：

- 波形最小值: -1.0179462432861328。
- 波形最大值: 0.9967185854911804。
- 波形平均值: -1.855347363743931e-05。

由于波形不在-1 和 1 之间，因此不需要对其进行归一化，代码如下：

```
def normalize(tensor):
    tensor_minusmean = tensor - tensor.mean()
    return tensor_minusmean/tensor_minusmean.abs().max()

waveform_ = normalize(waveform)
```

下面应用编码波形，代码如下：

```
transformed = torchaudio.transforms.MuLawEncoding()(waveform_)
print("变换后波形形状: {}".format(transformed.size()))
```

```
plt.figure()
plt.plot(transformed[0,:].numpy())
plt.show()
```

运行上述代码，输出如图 8-6 所示。

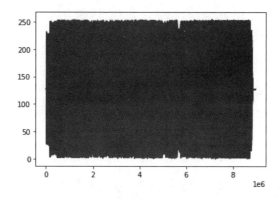

图 8-6　波形 Mu-Law 编码

现在解码，代码如下：

```
reconstructed = torchaudio.transforms.MuLawDecoding()(transformed)
print("新波形形状: {}".format(reconstructed.size()))

plt.figure()
plt.plot(reconstructed[0,:].numpy())
plt.show()
```

运行上述代码，输出如图 8-7 所示。

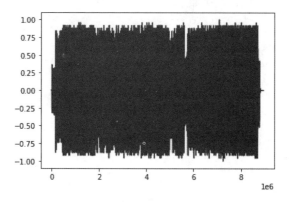

图 8-7　波形 Mu-Law 解码

8.3.5 变换前后波形比较

为了分析波形变换前后是否存在较大差异，可以将原始波形与归一化和 Mu-Law 变换后的波形进行比较，代码如下：

```
err = ((waveform-reconstructed).abs() / waveform.abs()).mean()
print("原始信号和重构信号之间的差异: {:.2%}".format(err))
```

运行上述代码，输出如下：

原始信号和重构信号之间的差异：41.18%

可以看出，经过归一化和 Mu-Law 变换后的波形与原始波形存在较大的差异，平均差异达到了 41.18%。

8.4 动手练习：音频相似度分析

为了使读者更好地理解和使用音频建模，本节介绍基于 PyTorch 的音频建模案例。

1. 说明

本例通过使用 torchaudio 库和余弦相似度研究两个音频之间的相似程度，从而根据用户喜欢的音频信号进行音乐等方面的推荐。

2. 步骤

步骤 01 导入第三方库，代码如下：

```
import torch
import torchaudio
import soundfile
import matplotlib.pyplot as plt

torchaudio.set_audio_backend("soundfile")
```

步骤 02 加载第一个音频数据，代码如下：

```
filename1 = "教程 1.wav"
waveform1,sample_rate1 = torchaudio.load(filename1)
print("Shape of waveform:{}".format(waveform1.size())) #音频大小
print("sample rate of waveform:{}".format(sample_rate1))#采样率
```

```
plt.figure()
plt.plot(waveform1.t().numpy())
plt.show()
```

运行上述代码，输出如图 8-8 所示。

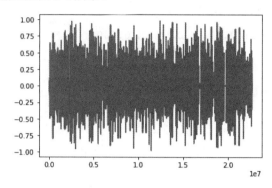

图 8-8　第一个音频频谱图

步骤 03　加载第二个音频数据，代码如下：

```
filename2 = "教程 2.wav"
waveform2,sample_rate2 = torchaudio.load(filename2)
print("Shape of waveform:{}".format(waveform2.size())) #音频大小

print("sample rate of waveform:{}".format(sample_rate2))#采样率
plt.figure()
plt.plot(waveform2.t().numpy())
plt.show()
```

运行上述代码，输出如图 8-9 所示。

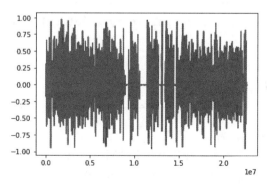

图 8-9　第二个音频频谱图

步骤 04 输出余弦相似度，代码如下：

```
similarity = torch.cosine_similarity(waveform1, waveform2, dim=0)
print('similarity', similarity)
```

输出的余弦相似度张量，代码如下：

```
similarity tensor([0.0000, 0.0000, 0.0000,  ..., 0.9701, 1.0000, 0.9487])
```

步骤 05 输出平均差异值，代码如下：

```
similarity.mean()
```

输出如下所示：

```
tensor(-8.0169e-05)
```

3. 小结

可以看出，两个音频的平均相似度接近 0，即说明两个音频不相似。

案例的完整代码如下：

```
import torch
import torchaudio
import soundfile
import matplotlib.pyplot as plt

torchaudio.set_audio_backend("soundfile")

filename1 = "教程 1.wav"
filename2 = "教程 2.wav"
waveform1,sample_rate1 = torchaudio.load(filename1)
waveform2,sample_rate2 = torchaudio.load(filename2)

similarity = torch.cosine_similarity(waveform1, waveform2, dim=0)
similarity.mean()
```

8.5 练习题

练习 1：简述音频处理技术，并介绍其常见应用领域。

练习 2：简述音频特征提取的主要流程及其主要内容。

练习 3：阐述 PyTorch 中音频建模的主要步骤和事项。

第9章

PyTorch 模型可视化

在训练庞大的深度神经网络时，为了能够更好地理解运算过程，需要使用可视化的工具对其过程进行描述。本章讲解 PyTorch 模型的可视化，包括 Visdom、TensorBoard、Pytorchviz、Netron，其中重点介绍 Visdom 的可视化操作及其案例。

9.1 Visdom

在 PyTorch 深度学习中，最常用的模型可视化工具是 Facebook（中文为脸书，目前已改名为 Meta）公司开源的 Visdom。本节通过案例详细介绍该模型可视化工具。

9.1.1 Visdom 简介

Visdom 可以直接接收来自 PyTorch 的张量，而不用转化成 NumPy 中的数组，从而运行效率很高。此外，Visdom 可以直接在内存中获取数据，毫秒级刷新，速度很快。

Visdom 的安装很简单，直接执行以下命令即可：

```
pip install visdom
```

开启服务，因为 Visdom 本质上是一个类似于 Jupyter Notebook 的 Web 服务器，在使用之前需要在终端打开服务，代码如下：

```
python -m visdom.server
```

正常执行后，根据提示在浏览器中输入相应地址即可，默认地址为：

```
http://localhost:8097/
```

如果出现蓝底空白的页面，并且上排有一些条形框，表示安装成功，如图 9-1 所示。

图 9-1　Visdom 服务器界面

Visdom 目前支持的图形 API 如下：

- vis.scatter：2D或3D散点图。
- vis.line：线图。
- vis.updateTrace：更新现有的线/散点图。
- vis.stem：茎叶图。
- vis.heatmap：热图地块。
- vis.bar：条形图。
- vis.histogram：直方图。
- vis.boxplot：盒子。
- vis.surf：表面重复。
- vis.contour：等高线图。
- vis.quiver：颤抖的情节。
- vis.mesh：网格图。

这些 API 的确切输入类型有所不同，尽管大多数 API 的输入包含一个 tensor X（保存数据）和一个可选的 tensor Y（保存标签或者时间戳）。所有的绘图函数都接收一个可选参数 win，用来将图画到一个特定的窗格上。每个绘图函数也会返回当前绘图的 win，也可以指定绘出的图添加到哪个可视化空间的分区上。

Visdom 同时支持 PyTorch 的 tensor 和 NumPy 的 ndarray 两种数据结构，但不支持 Python 的 int、float 等类型，因此每次传入时都需要先将数据转成 ndarray 或 tensor。上述操作的参数一般不同，但有两个参数是绝大多数操作都具备的：

- win：用于指定pane的名字，如果不指定，visdom将自动分配一个新的pane。如果两次操作指定的win名字一样，新的操作将覆盖当前pane的内容，因此建议每次操作都重新指定win。
- opts：选项，接收一个字典，常见的选项包括title、xlabel、ylabel、width等，主要用于设置pane的显示格式。

之前提到过，每次操作都会覆盖之前的数值，但往往我们在训练网络的过程中需要不断更新数值，如损失值等，这时就需要指定参数 update='append' 来避免覆盖之前的数值。

除了使用 update 参数以外，还可以使用 vis.updateTrace 方法来更新图，但 updateTrace 不仅能在指定窗格上新增一个和已有数据相互独立的痕迹，还能像 update='append'那样在同一个痕迹上追加数据。

9.1.2　Visdom 可视化操作

Visdom 提供了多种绘图函数，可以用于实现数据的可视化。

1. 散点图plot.scatter()

这个函数用来画 2D 或 3D 数据的散点图。它需要输入 $N \times 2$ 或 $N \times 3$ 的张量 X 来指定 N 个点的位置。一个可供选择的长度为 N 的向量用来保存 X 中的点对应的标签（1 到 K）。标签可以通过点的颜色反映出来。

scatter()支持下列选项：

- opts.markersymbol：标记符号 (string; default = 'dot')。
- opts.markersize：标记大小(number; default = '10')。
- opts.markercolor：每个标记的颜色(torch.*Tensor; default = nil)。
- opts.legend：包含图例名字的table。
- opts.textlabels：每一个点的文本标签 (list: default = None)。
- opts.layoutopts：图形后端为布局接受的任何附加选项的字典，比如layoutopts={'plotly': {'legend': {'x':0, 'y':0}}}。
- opts.traceopts：将跟踪名称或索引映射到plotly为追踪接受的附加选项的字典。比如

traceopts = {'plotly': {'myTrace': {'mode': 'markers'}}}。

- opts.webgl: 使用WebGL绘图(布尔值;default= false)。WebGL可以为HTML5 Canvas 提供硬件3D加速渲染，这样Web开发人员就可以借助系统显卡在浏览器里更流畅地 展示3D场景和模型了，还能创建复杂的导航和数据视觉化。

options.markercolor 是一个包含整数值的 Tensor。Tensor 的形状可以是 N 或 $N×3$ 或 K 或 $K×3$。

- Tensor of size N: 表示每个点的单通道颜色强度。black=0, red =255。
- Tensor of size N × 3: 用三通道表示每个点的颜色。black=0,0,0, white=255,255,255。
- Tensor of size K and K × 3: 为每个类别指定颜色，不是为每个点指定颜色。

生成普通散点图，代码如下：

```python
import visdom
import numpy as np

vis = visdom.Visdom()

Y = np.random.rand(100)
old_scatter = vis.scatter(
    X=np.random.rand(100, 2),
    Y=(Y[Y > 0] + 1.5).astype(int),
    opts=dict(
        legend=['Didnt', 'Update'],
        xtickmin=-50,
        xtickmax=50,
        xtickstep=0.5,
        ytickmin=-50,
        ytickmax=50,
        ytickstep=0.5,
        markersymbol='cross-thin-open',
    ),
)

vis.update_window_opts(
    win=old_scatter,
    opts=dict(
        legend=['2019年', '2020年'],
```

```
        xtickmin=0,
        xtickmax=1,
        xtickstep=0.5,
        ytickmin=0,
        ytickmax=1,
        ytickstep=0.5,
        markersymbol='cross-thin-open',
    ),
)
```

输出如图 9-2 所示。

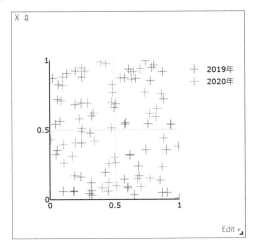

图 9-2　普通散点图

带着文本标签的散点图，代码如下：

```
import visdom
import numpy as np

vis.scatter(
    X=np.random.rand(6, 2),
    opts=dict(
        textlabels=['Label %d' % (i + 1) for i in range(6)]
    )
)
```

输出如图 9-3 所示。

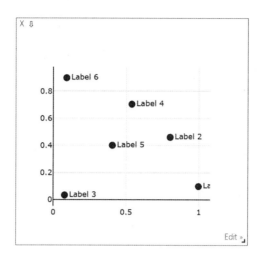

图 9-3　带着文本标签的散点图

三维散点图，代码如下：

```
import visdom
import numpy as np

vis.scatter(
    X=np.random.rand(100, 3),
    Y=(Y + 1.5).astype(int),
    opts=dict(
        legend=['男性', '女性'],
        markersize=5,
        xtickmin=0,
        xtickmax=2,
        xlabel='数量',
        xtickvals=[0, 0.75, 1.6, 2],
        ytickmin=0,
        ytickmax=2,
        ytickstep=0.5,
        ztickmin=0,
        ztickmax=1,
        ztickstep=0.5,
    )
)
```

输出如图 9-4 所示。

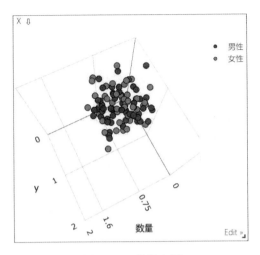

图 9-4　三维散点图

2. 线型图vis.line()

这个函数用来画一条线。它接受一个 N 维或 $N \times M$ 维张量 Y 作为输入，它指定连接 N 个点的 M 条线的值。它还接受一个可选的 X 张量，指定相应的 X 轴值，X 可以是一个 N 维张量（在这种情况下，所有的线都有相同的 X 轴值），或者和 Y 大小相同。

下面是该函数支持的选项。

- opts.fillarea: 填满线下区域(boolean)。
- opts.markers: 显示标记 (boolean; default = false)。
- opts.markersymbol: 标记符号(string; default = 'dot')。
- opts.markersize: 标记大小(number; default = '10')。
- opts.linecolor: 线颜色 (np.array; default = None)。
- opts.dash: 每一行的破折号类型 (np.array; default = 'solid')，实线、破折号、虚线或破折号中的一个，其大小应与所画线的数目相匹配。
- opts.legend: 包含图例名称的表。
- opts.layoutopts: 图形后端为布局接受的任何附加选项的字典,比如layoutopts={'plotly': {'legend': {'x':0, 'y':0}}}。
- opts.traceopts: 将跟踪名称或索引映射到plot.ly为追踪接受的附加选项的字典，比如 traceopts = {'plotly': {'myTrace': {'mode': 'markers'}}}。
- opts.webgl: 使用 WebGL绘图（布尔值，default=false）。如果一个图包含更多的点，它会更快。要谨慎使用，因为浏览器不会在一个页面上允许多个WebGL上下文。

下面是一个绘制线型图的例子，代码如下：

```
import visdom
import numpy as np

Y = np.linspace(-5, 5, 100)
vis.line(
    Y=np.column_stack((Y * Y, np.sqrt(Y + 5))),
    X=np.column_stack((Y, Y)),
    opts=dict(markers=False),
)
```

输出如图 9-5 所示。

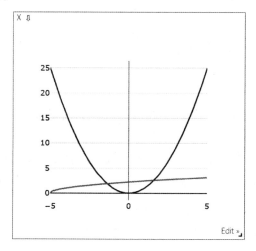

图 9-5 线型图

实线、虚线等不同线的实现，代码如下：

```
import visdom
import numpy as np

win = vis.line(
    X=np.column_stack((
        np.arange(0, 10),
        np.arange(0, 10),
        np.arange(0, 10),
    )),
    Y=np.column_stack((
        np.linspace(5, 10, 10),
        np.linspace(5, 10, 10) + 5,
        np.linspace(5, 10, 10) + 10,
```

```
    )),
    opts={
        'dash': np.array(['solid', 'dash', 'dashdot']),
        'linecolor': np.array([
            [0, 191, 255],
            [0, 191, 255],
            [255, 0, 0],
        ]),
        'title': '不同类型的线'
    }
)

vis.line(
    X=np.arange(0, 10),
    Y=np.linspace(5, 10, 10) + 15,
    win=win,
    name='4',
    update='insert',
    opts={
        'linecolor': np.array([
            [255, 0, 0],
        ]),
        'dash': np.array(['dot']),
    }
)
```

输出如图 9-6 所示。

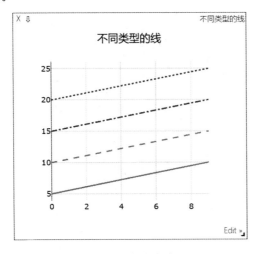

图 9-6　实线虚线

堆叠区域，代码如下：

```
import visdom
import numpy as np

Y = np.linspace(0, 4, 200)
win = vis.line(
    Y=np.column_stack((np.sqrt(Y), np.sqrt(Y) + 2)),
    X=np.column_stack((Y, Y)),
    opts=dict(
        fillarea=True,
        showlegend=False,
        width=380,
        height=330,
        ytype='log',
        title='堆积面积图',
        marginleft=30,
        marginright=30,
        marginbottom=80,
        margintop=30,
    ),
)
```

输出如图 9-7 所示。

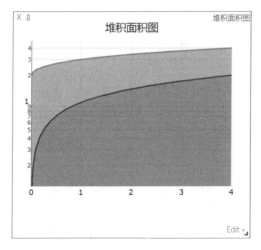

图 9-7　堆叠区域

3. 其他图形

（1）茎叶图 vis.stem()

这个函数可以绘制一个根茎图。它接受一个 N 维或 $N \times M$ 维张量 X 作为输入，它指定

M 时间序列中 N 个点的值。还可以指定一个包含时间戳的可选 N 或 $N×M$ 维张量 Y，如果 Y 是一个 N 维张量，那么所有 M 个时间序列都假设有相同的时间戳。

下面是该函数支持的选项。

- opts.colormap: 色图（string; default = 'Viridis'）。
- opts.legend: 包含图例名称的表。
- opts.layoutopts: 图形后端为布局接受的任何附加选项的字典，比如 layoutopts = {'plotly': {'legend': {'x':0, 'y':0}}}。

以下是绘制一个茎叶图的代码：

```
import math
import visdom
import numpy as np

Y = np.linspace(0, 2 * math.pi, 70)
X = np.column_stack((np.sin(Y), np.cos(Y)))
vis.stem(
    X=X,
    Y=Y,
    opts=dict(legend=['正弦函数', '余弦函数'])
)
```

输出如图 9-8 所示。

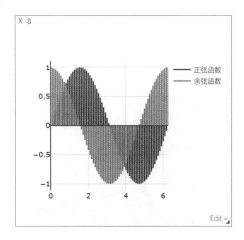

图 9-8　茎叶图

（2）热力图 vis.heatmap()

此函数可绘制热点图。它接受一个 $N×M$ 维张量 X 作为输入，指定了热图中每个位置的值。

下面是该函数支持的选项：

- opts.colormap: 色图 (string; default = 'Viridis')。
- opts.xmin: 修剪的最小值 (number; default = X:min())。
- opts.xmax: 修剪的最大值(number; default = X:max())。
- opts.columnnames: 包含x-axis标签的表。
- opts.rownames: 包含y-axis标签的表。
- opts.layoutopts: 图形后端为布局接受的任何附加选项的字典，比如layoutopts = {'plotly': {'legend': {'x':0, 'y':0}}}。

以下是实现一个势力图的代码：

```python
import visdom
import numpy as np

vis.heatmap(
    X=np.outer(np.arange(1, 6), np.arange(1, 11)),
    opts=dict(
        columnnames=['a', 'b', 'c', 'd', 'e', 'f', 'g', 'h', 'i', 'j'],
        rownames=['y1', 'y2', 'y3', 'y4', 'y5'],
        colormap='Viridis',
    )
)
```

输出如图 9-9 所示。

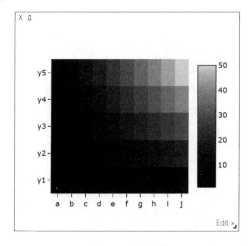

图 9-9　热力图

（3）条形图 vis.bar()

此函数用于绘制规则的、堆叠的或分组的条形图。它接受一个 N 维或 $N{\times}M$ 维张量 X 作为输入，指定了每个条的高度。如果 X 包含 M 列，则对每一行对应的值进行堆叠或分组（取决于 opts.stacked 的选择方式）。除了 X 外，还可以指定一个（可选的）N 维张量 Y，它包含相应的 X 轴值。

以下是该函数目前支持的选项：

- opts.rownames：包含 x-axis 标签的表。
- opts.stacked：在 X 中堆叠多个列。
- opts.legend：包含图例名称的表。
- opts.layoutopts：图形后端为布局接受的任何附加选项的字典，比如 layoutopts = {'plotly': {'legend': {'x':0, 'y':0}}}。

以下是实现一个条形图的代码：

```
import visdom
import numpy as np

vis.bar(
    X=np.abs(np.random.rand(4, 3)),
    opts=dict(
        stacked=True,
        legend=['低价值客户', '一般价值客户', '高价值客户'],
        rownames=['2017', '2018', '2019', '2020']
    )
)
```

输出如图 9-10 所示。

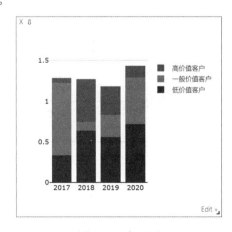

图 9-10　条形图

（4）箱形图 vis.boxplot()

此函数用来绘制指定数据的箱形图。它接受一个 N 维或 $N\times M$ 维张量 X 作为输入，该张量 X 指定了 N 个数据值，用来构造 M 个箱形图。

以下是该函数目前支持的选项：

- opts.legend: 在 X 中每一列的标签。
- opts.layoutopts: 图形后端为布局接受的任何附加选项的字典，比如 layoutopts = {'plotly': {'legend': {'x':0, 'y':0}}}。

以下是绘制一个箱形图的代码：

```
import visdom
import numpy as np

X = np.random.rand(100, 2)
X[:, 1] += 2
vis.boxplot(
    X=X,
    opts=dict(legend=['男性', '女性'])
)
```

输出如图 9-11 所示。

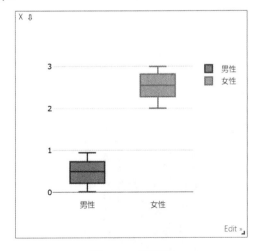

图 9-11　箱形图

（5）曲面图 vis.surf()

这个函数可绘制一个曲面图。它接受一个 $N\times M$ 维张量 X 作为输入，该张量 X 指定了曲面图中每个位置的值。

下面是该函数支持的选项：

- opts.colormap: 色图 (string; default = 'Viridis')。
- opts.xmin: 修剪的最小值 (number; default = X:min())。
- opts.xmax: 修剪的最大值(number; default = X:max())。
- opts.layoutopts: 图形后端为布局接受的任何附加选项的字典，比如layoutopts = {'plotly': {'legend': {'x':0, 'y':0}}}。

以下是实现一个曲面图的代码：

```
import visdom
import numpy as np


X = np.random.rand(50, 2)
X[:, 1] += 1
vis.surf(X=X, opts=dict(colormap='Viridis'))
```

输出如图 9-12 所示。

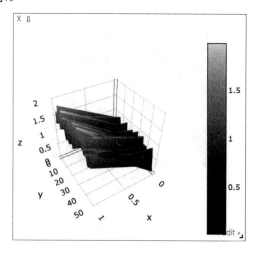

图 9-12　曲面图

（6）等高线 vis.contour()

这个函数用来绘制等高线。它接受一个 $N \times M$ 维张量 X 作为输入，该张量 X 指定等高线图中每个位置的值。

下面是该函数支持的选项：

- opts.colormap: 色图 (string; default = 'Viridis')。
- opts.xmin: 修剪的最小值 (number; default = X:min())。
- opts.xmax: 修剪的最大值(number; default = X:max())。
- opts.layoutopts: 图形后端为布局接受的任何附加选项的字典，比如layoutopts = {'plotly': {'legend': {'x':0, 'y':0}}}。

以下是实现等高线的代码：

```python
import visdom
import numpy as np

x = np.tile(np.arange(1, 81), (80, 1))
y = x.transpose()
X = np.exp((((x - 40) ** 2) + ((y - 40) ** 2)) / -(20.0 ** 2))
vis.contour(X=X, opts=dict(colormap='Viridis'))
```

输出如图 9-13 所示。

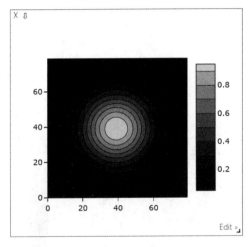

图 9-13　等高线

9.1.3　动手练习：识别手写数字

1. 说明

本例通过使用 PyTorch 的可视化工具 Visdom 对手写数字数据集进行建模。

2. 步骤

步骤 01　先导入模型需要的包，代码如下：

```
import torch
import torch.nn as nn
import torch.nn.functional as F
import torch.optim as optim
from torchvision import datasets, transforms

from visdom import Visdom
```

步骤 02　定义训练参数，代码如下：

```
batch_size=200
learning_rate=0.01
epochs=10
```

步骤 03　获取训练和测试数据，代码如下：

```
# 获取训练和测试数据
train_loader = torch.utils.data.DataLoader(
    datasets.MNIST('../data', train=True, download=True,
                transform=transforms.Compose([
                    transforms.ToTensor(),
                    # transforms.Normalize((0.1307,), (0.3081,))
                ])),
    batch_size=batch_size, shuffle=True)
test_loader = torch.utils.data.DataLoader(
    datasets.MNIST('../data', train=False,
transform=transforms.Compose([
        transforms.ToTensor(),
        # transforms.Normalize((0.1307,), (0.3081,))
    ])),
    batch_size=batch_size, shuffle=True)
```

步骤 04　定义多层感知器（全连接网络），代码如下：

```
# 定义多层感知器（全连接网络）
class MLP(nn.Module):
    def __init__(self):
        super(MLP, self).__init__()
        self.model = nn.Sequential(
            nn.Linear(784, 200),
            nn.LeakyReLU(inplace=True),
            nn.Linear(200, 200),
```

```
            nn.LeakyReLU(inplace=True),
            nn.Linear(200, 10),
            nn.LeakyReLU(inplace=True),
        )

    def forward(self, x):
        x = self.model(x)
        return x
```

```
# 定义训练过程
device = torch.device('cuda:0')
net = MLP().to(device)
optimizer = optim.SGD(net.parameters(), lr=learning_rate)
criteon = nn.CrossEntropyLoss().to(device)
```

步骤 05 定义两个用于可视化训练和测试过程的 Visdom 窗口，即两张图，代码如下：

```
viz = Visdom()
viz.line([0.], [0.], win='train_loss', opts=dict(title='train loss'))
viz.line([[0.0, 0.0]], [0.], win='test', opts=dict(title='test
loss&acc.',legend=['loss', 'acc.']))
global_step = 0
```

这个代码块执行后，去查看 Visdom 提供的网页，可以发现网页中出现了两个定义的
win，即两张没有数据的图，如图 9-14 所示。

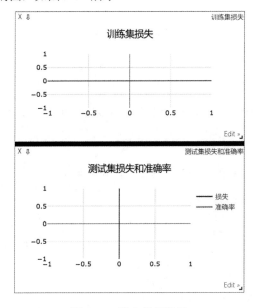

图 9-14　没有显示数据

步骤 06　开始训练，并给图输入实时更新的数据，以可视化训练过程，代码如下：

```python
# 开始训练，并给图输入实时更新的数据，以可视化训练过程
for epoch in range(epochs):

    for batch_idx, (data, target) in enumerate(train_loader):
        data = data.view(-1, 28*28)
        data, target = data.to(device), target.cuda()

        logits = net(data)
        loss = criteon(logits, target)

        optimizer.zero_grad()
        loss.backward()
        optimizer.step()

        global_step += 1
        # 给'train_loss'输入数据
        viz.line([loss.item()], [global_step], win='train_loss',
update='append')

        if batch_idx % 100 == 0:
            print('Train Epoch: {} [{}/{} ({:.0f}%)]\tLoss:
{:.6f}'.format(
                epoch, batch_idx * len(data), len(train_loader.dataset),
                    100. * batch_idx / len(train_loader), loss.item()))

    test_loss = 0
    correct = 0
    for data, target in test_loader:
        data = data.view(-1, 28 * 28)
        data, target = data.to(device), target.cuda()
        logits = net(data)
        test_loss += criteon(logits, target).item()

        pred = logits.argmax(dim=1)
        correct += pred.eq(target).float().sum().item()
```

```
# 给'test'输入数据
viz.line([[test_loss, correct / len(test_loader.dataset)]],
        [global_step], win='test', update='append')
# 可视化当前测试的数字图片
viz.images(data.view(-1, 1, 28, 28), win='x')
# 可视化测试结果
viz.text(str(pred.detach().cpu().numpy()), win='pred',
        opts=dict(title='pred'))

test_loss /= len(test_loader.dataset)
print('\nTest set: Average loss: {:.4f}, Accuracy: {}/{}
({:.0f}%)\n'.format(
    test_loss, correct, len(test_loader.dataset),
    100. * correct / len(test_loader.dataset)))
```

执行成功后，在 Visdom 网页可以看到实时更新的训练过程的数据变化，每一个 epoch 测试数据更新一次，如图 9-15 所示。

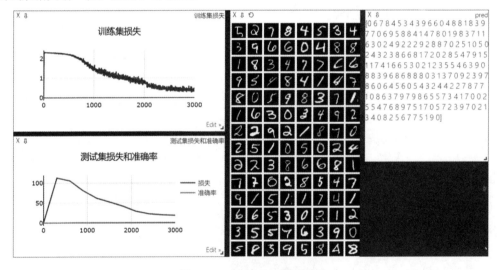

图 9-15　实时更新的训练图

3. 小结

本例使用 Visdom 对手写数字数据集的识别过程进行了可视化建模。

9.2　TensorBoard

TensorBoard 是 TensorFlow 的一个附加工具，可以记录训练过程的数字、图像等内容，以方便研究人员观察神经网络训练过程。本节通过案例介绍该模型可视化工具。

9.2.1　TensorBoard 简介

TensorBoard 是 TensorFlow 自带的一个强大的可视化工具，也是一个 Web 应用程序套件。

对于 PyTorch 等其他神经网络训练框架来说，目前还没有功能像 TensorBoard 一样全面的类似工具，一些已有的工具功能也有限，或使用起来比较困难。

TensorBoard 提供的机器学习实验所需的可视化功能和工具如下：

- 跟踪和可视化损失及准确率等指标。
- 可视化模型图（操作和层）。
- 查看权重、偏差或其他张量随时间变化的直方图。
- 将嵌入投射到较低的维度空间。
- 显示图片、文字和音频数据。
- 剖析TensorFlow程序。

TensorBoard 和 TensorFlow 程序运行在不同的进程中，TensorBoard 会自动读取新的 TensorFlow 日志文件，并呈现当前 TensorFlow 程序运行的最新状态。

如果要使用 TensorBoard，首先需要安装 tensorflow、tensorboard、tensorboardX 等相关第三方库，代码如下：

```
pip install tensorflow
pip install tensorboard
pip install tensorboardX
```

其中，tensorboardX 这个工具可使 TensorFlow 外的其他神经网络框架也可以使用 TensorBoard 的便捷功能。TensorBoard 目前支持 7 种可视化，包括 Scalars、Images、Audio、Graphs、Distributions、Histograms 和 Embeddings。其中可视化的主要功能如下：

- Scalars: 展示训练过程中的准确率、损失值、权重/偏置的变化情况。
- Images: 展示训练过程中记录的图像。
- Audio: 展示训练过程中记录的音频。

- Graphs: 展示模型的数据流图，以及训练在各个设备上消耗的内存和时间。
- Distributions: 展示训练过程中记录的数据的分部图。
- Histograms: 展示训练过程中记录的数据的柱状图。
- Embeddings: 展示词向量后的投影分部。

下面来使用 TensorBoard 创建可视化实例。

下面创建一个 SummaryWriter 的示例，首先导入 SummaryWriter 包。SummaryWriter 参数如下：

```
torch.utils.tensorboard.writer.SummaryWriter(
    log_dir=None,
    comment='',
    purge_step=None,
    max_queue=10,
    flush_secs=120,
    filename_suffix='')
```

代码如下：

```
from tensorboardX import SummaryWriter
```

以下是 3 种初始化 SummaryWriter 的方法：

- 方法1：提供一个路径，例如./runs/test1，将使用该路径来保存日志，代码如下：

```
writer1 = SummaryWriter('./runs/test1')
```

- 方法2：无参数，默认将使用 runs/日期时间路径来保存日志，代码如下：

```
writer2 = SummaryWriter()
```

- 方法3：提供一个comment参数，将使用 "./runs/日期时间-comment" 路径来保存日志，代码如下：

```
writer3 = SummaryWriter(comment='test2')
```

运行上述代码后，将会在 run 文件夹下生成 3 个文件，如图 9-16 所示。

名称	修改日期	类型	大小
Apr21_10-35-39_LAPTOP-94O3IOF5	2021/4/21 10:35	文件夹	
Apr21_10-35-40_LAPTOP-94O3IOF5test2	2021/4/21 10:35	文件夹	
test1	2021/4/21 10:35	文件夹	

图 9-16　生成的 3 个文件

一般每次实验都需要新建一个路径不同的 SummaryWriter，也叫一个 run。接下来，我们就可以调用 SummaryWriter 实例的各种 add_something 方法向日志中写入不同类型的数据了。

启动 TensorBoard，TensorBoard 通过运行一个本地服务器来监听 6006 端口，代码如下：

```
tensorboard --logdir=D:/轻松学会 PyTorch 人工智能深度学习应用开发/ch09/runs/
```

然后在浏览器发出请求时，分析训练时记录的数据，绘制训练过程中的图像。

9.2.2　TensorBoard 基础操作

1. 可视化数值

使用 add_scalar 方法来记录数字常量，一般使用 add_scalar 方法来记录训练过程的 loss、accuracy、learning rate 等数值的变化，直观地监控训练过程。

其代码如下：

```
add_scalar(tag, scalar_value, global_step=None, walltime=None)
```

参数说明：

- tag (string)：数据名称，不同名称的数据使用不同的曲线展示。
- scalar_value (float)：数字常量值。
- global_step (int, optional)：训练的步长。
- walltime (float, optional)：记录发生的时间，默认为 time.time()。

注　意
这里的 scalar_value 一定是 float 类型，如果是 PyTorch scalar tensor，则需要调用 .item() 方法获取其数值。

案例代码如下：

```
from tensorboardX import SummaryWriter

writer = SummaryWriter('runs/scalar')
for i in range(10):
    writer.add_scalar('指数', 3**i, global_step=i)
```

输出如图 9-17 所示。

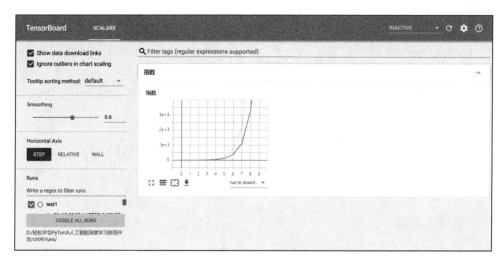

图 9-17　可视化数值

2. 可视化图片

使用 add_image 方法来记录单个图像数据。注意，该方法需要 pillow 库的支持。一般会使用 add_image 来实时观察生成式模型的生成效果，或者可视化分割、目标检测的结果，帮助调试模型。

其代码如下：

```
add_image(tag, img_tensor, global_step=None, walltime=None,
dataformats='CHW')
```

参数说明：

- tag (string)：数据名称。
- img_tensor (torch.Tensor / numpy.array)：图像数据。
- global_step (int, optional)：训练的step。
- walltime (float, optional)：记录发生的时间，默认为time.time()。
- dataformats (string, optional)：图像数据的格式，默认为'CHW'，即Channel × Height × Width，还可以是'HWC'、'HW'等。

案例代码如下：

```
from tensorboardX import SummaryWriter
import cv2 as cv
```

```
writer = SummaryWriter('runs/image')
for i in range(1, 4):
    writer.add_image('countdown',cv.cvtColor(cv.imread('./image/{}.
jpg'.format(i)),cv.COLOR_BGR2RGB),global_step=i,dataformats='HWC')
```

调用这个方法一定要保证数据的格式正确，像 PyTorch Tensor 的格式就是默认的 'CHW'。可以拖动滑动条来查看不同 global_step 下的图片，输出如图 9-18 所示。

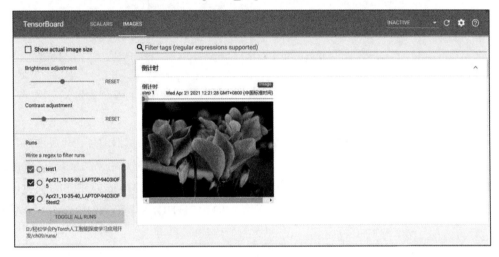

图 9-18　可视化图片

3. 可视化统计图

使用 add_histogram 方法来记录一组数据的直方图。可以通过观察数据、训练参数、特征的直方图了解到它们大致的分布情况，辅助神经网络的训练过程。

其代码如下：

```
add_histogram(tag, values, global_step=None, bins='tensorflow',
walltime=None, max_bins=None)
```

参数说明：

- tag (string): 数据名称。
- values (torch.Tensor, numpy.array, or string/blobname): 用来构建直方图的数据。
- global_step (int, optional): 训练的步数。
- bins (string, optional): 取值有'tensorflow'、'auto'、'fd'等，该参数决定了分桶的方式。
- walltime (float, optional): 记录发生的时间，默认为 time.time()。

- max_bins (int, optional): 最大分桶数。

案例代码如下:

```
from tensorboardX import SummaryWriter
import numpy as np

writer = SummaryWriter('runs/embedding_example')
writer.add_histogram('正态分布中心化', np.random.normal(0, 1, 1000),
global_step=1)
    writer.add_histogram('正态分布中心化', np.random.normal(0, 2, 1000),
global_step=50)
    writer.add_histogram('正态分布中心化', np.random.normal(0, 3, 1000),
global_step=100)
```

我们使用 NumPy 从不同方差的正态分布中进行采样。打开浏览器的可视化界面后,我们会发现多出了 DISTRIBUTIONS 和 HISTOGRAMS 两栏,它们都是用来观察数据分布的。在 HISTOGRAMS 中,同一数据不同步数时的直方图可以上下错位排布(OFFSET)也可以重叠排布(OVERLAY)。9-19 左右两图分别为 DISTRIBUTIONS 界面和 HISTOGRAMS 界面。

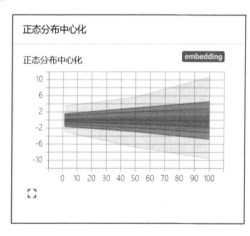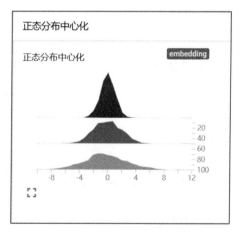

图 9-19 可视化统计图

4. 可视化网络图

使用 add_graph 方法来可视化一个神经网络。该方法可以可视化神经网络模型。其代码如下:

```
add_graph(model, input_to_model=None, verbose=False, **kwargs)
```

参数说明：

- model (torch.nn.Module)：待可视化的网络模型。
- input_to_model (torch.Tensor or list of torch.Tensor, optional)：待输入神经网络的变量或一组变量。

TensorBoardX 给出了一个官方样例，读者可以尝试一下，代码如下：

```
import torch
import numpy as np
from torchvision import models,transforms
from PIL import Image
from tensorboardX import SummaryWriter

vgg16 = models.vgg16()  # 这里下载预训练好的模型
print(vgg16)             # 打印一下这个模型

transform_2 = transforms.Compose([
    transforms.Resize(224),
    transforms.CenterCrop(224),
    transforms.ToTensor(),
    # convert RGB to BGR
    # from
<https://github.com/mrzhu-cool/pix2pix-pytorch/blob/master/util.py>
    transforms.Lambda(lambda x: torch.index_select(x, 0,
torch.LongTensor([2, 1, 0]))),
    transforms.Lambda(lambda x: x*255),
    transforms.Normalize(mean = [103.939, 116.779, 123.68],
                    std = [ 1, 1, 1 ]),
])

cat_img = Image.open('./1.jpg')
vgg16_input=transform_2(cat_img)[np.newaxis]# 因为 PyTorch 中是分批次进行
训练的，所以这里建立一个批次为 1 的数据集
print(vgg16_input.shape)
#开始前向传播，打印输出值
raw_score = vgg16(vgg16_input)
raw_score_numpy = raw_score.data.numpy()
print(raw_score_numpy.shape, np.argmax(raw_score_numpy.ravel()))

#将结构图在 TensorBoard 中展示
```

```
with SummaryWriter(log_dir='./runs/graph', comment='vgg16') as writer:
    writer.add_graph(vgg16, (vgg16_input,))
```

输出如图 9-20 所示。

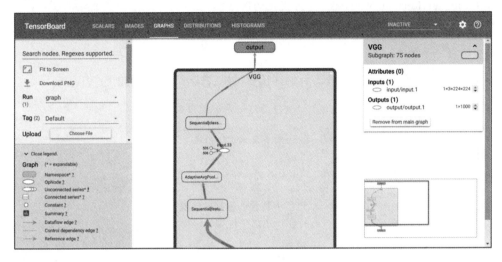

图 9-20　可视化网络图

5. 可视化向量

使用 add_embedding 方法可以在二维或三维空间可视化 Embedding 向量。
代码如下：

```
add_embedding(mat, metadata=None, label_img=None, global_step=None,
tag='default', metadata_header=None)
```

参数说明：

- mat (torch.Tensor or numpy.array)：一个矩阵，每行代表特征空间的一个数据点。
- metadata (list or torch.Tensor or numpy.array, optional)：一个一维列表，矩阵中每行数据的标签大小应和矩阵行数相同。
- label_img (torch.Tensor, optional)：一个形如N × C × H × W的张量，对应mat每一行数据显示出来的图像，N应该和矩阵行数相同。
- global_step (int, optional)：训练的步长。
- tag (string, optional)：数据名称，不同名称的数据将分别展示。

add_embedding 是一个很实用的方法，不仅可以将高维特征使用 PCA、T-SNE 等方法降维至二维平面或三维空间显示，还可以观察每一个数据点在降维前的特征空间的 K 近邻情况。下面的例子中我们取 MNIST 训练集中的 100 个数据，将图像展开成一维向量直接作为 Embedding，使用 TensorBoardX 可视化出来。

案例代码如下：

```
import torchvision
from tensorboardX import SummaryWriter

writer = SummaryWriter('runs/vector')
mnist = torchvision.datasets.MNIST('./', download=False)
writer.add_embedding(
    mnist.data.reshape((-1, 28 * 28))[:30,:],
    metadata=mnist.targets[:30],
    label_img = mnist.data[:30,:,:].reshape((-1, 1, 28, 28)).float() / 255,
    global_step=0
)
```

可以发现，虽然还没有做任何特征提取工作，但 MNIST 的数据已经呈现出聚类的效果，相同数字之间距离更近一些（有没有想到 KNN 分类器）。我们还可以单击左下方的 T-SNE，用 T-SNE 的方法进行可视化。使用 add_embedding 方法需要注意以下几点：

- mat是二维的（$M \times N$），metadata是一维的（N），label_img是四维的（$N \times C \times H \times W$）。
- label_img记得归一化为0~1的float值。

采用 PCA 降维后，在三维空间的可视化效果如图 9-21 所示。

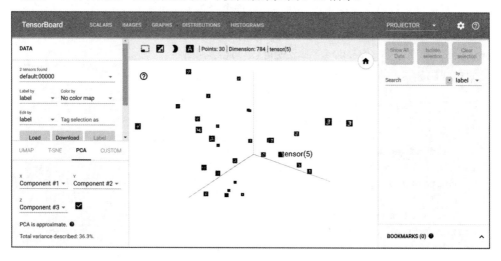

图 9-21　可视化向量

6. 可视化P-R曲线

使用 add_pr_curve 方法来绘制 P-R 曲线，代码如下：

```
add_pr_curve(classes[class_index],tensorboard_preds,tensorboard_probs,
global_step=global_step)
```

参数说明：

- tensorboard_preds(float)：模型的预测值。
- tensorboard_probs(float)：模型预测值的概率。
- global_step (int, optional)：训练的step。

P-R 曲线就是精确率（Precision）和召回率（Recall）曲线，以召回率作为横坐标轴，以精确率作为纵坐标轴。首先解释一下精确率和召回率。

把正例正确分类为正例，表示为 TP（True Positive），把正例错误分类为负例，表示为 FN（False Negative）。把负例正确分类为负例，表示为 TN（True Negative），把负例错误分类为正例，表示为 FP（False Positive）。

精确率和召回率可以从混淆矩阵中计算而来，精确率= TP/(TP + FP)，召回率= TP/(TP + FN)。那么 P-R 曲线是怎么来的呢？

算法对样本进行分类时，一般都会有置信度，即表示该样本是正样本的概率，比如 99%的概率认为样本 A 是正例，1%的概率认为样本 B 是正例。通过选择合适的阈值，比如 50%，对样本进行划分，概率大于 50%的就认为是正例，小于 50%的就是负例。

通过置信度可以对所有样本进行排序，再逐个样本 t 选择阈值，在该样本之前的都属于正例，在该样本之后的都属于负例。每一个样本划分阈值时，都可以计算对应的精确率（precision）和召回率（recall），那么就可以以此绘制曲线。

案例代码如下：

```
import numpy as np
from torch.utils.tensorboard import SummaryWriter

np.random.seed(20200910)
labels = np.random.randint(2, size=100)
predictions = np.random.rand(100)

writer = SummaryWriter()
writer.add_pr_curve('P-R曲线', labels, predictions, 0)
writer.close()
```

可视化效果如图 9-22 所示。

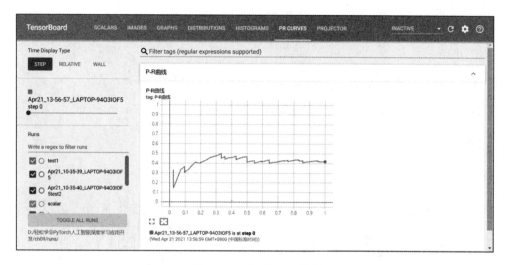

图 9-22　可视化 P-R 曲线

9.2.3　动手练习：可视化模型参数

1. 说明

本例通过 TensorBoard 对深度学习模型中的准确率（accuracy）和损失之间的关系进行可视化探索。

2. 步骤

步骤01 首先导入相关的第三方包，代码如下：

```
import numpy as np
from torch.utils.tensorboard import SummaryWriter
```

步骤02 将 loss 写到 Loss_Accuracy 路径下面，代码如下：

```
np.random.seed(10)
writer = SummaryWriter('runs/Loss_Accuracy')
```

步骤03 然后将 loss 写到 writer 中，其中 add_scalars()函数可以将不同得变量添加到同一个图，代码如下：

```
for n_iter in range(100):
    writer.add_scalar('Loss/train', np.random.random(), n_iter)
    writer.add_scalar('Loss/test', np.random.random(), n_iter)
    writer.add_scalar('Accuracy/train', np.random.random(), n_iter)
```

```
writer.add_scalar('Accuracy/test', np.random.random(), n_iter)
```

3. 小结

本例探索了深度学习中损失和准确率之间的关系。

模型测试集和训练集上的损失曲线如图 9-23 所示。

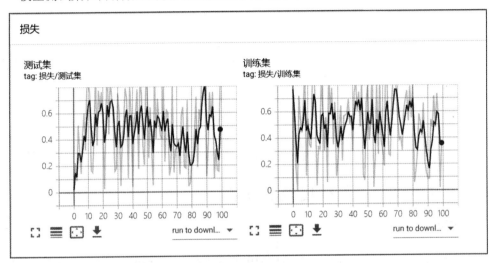

图 9-23　损失曲线

模型测试集和训练集上的准确率曲线如图 9-24 所示。

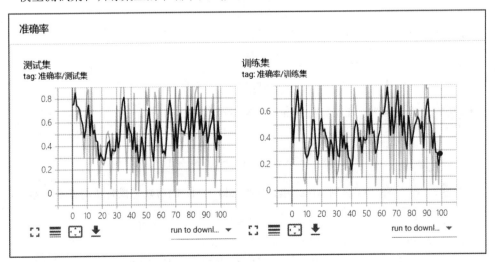

图 9-24　准确率曲线

9.3　Pytorchviz

Pytorchviz 是一个程序包，用于创建 PyTorch 执行图和轨迹的可视化。本节通过案例介绍该模型可视化工具。

9.3.1　Pytorchviz 简介

在可视化之前，首先需要安装 Graphviz 和 Torchviz 第三方库，代码如下：

```
pip install graphviz
pip install tochviz
```

Graphviz（Graph Visualization Software）是由 AT&T 实验室启动的开源工具包，它是用来处理 DOT 语言的工具，DOT 是一种图形描述语言，非常简单，只需要简单了解一下 DOT 语言，就可以用 Graphviz 绘图了，它对程序员特别有用。

Graphviz 在 Windows 中的安装需要下载 Release 包，并配置环境变量，否则会报以下错误：

```
graphviz.backend.ExecutableNotFound: failed to execute ['dot', '-Tpng',
'-O', 'tmp'], make sure the Graphviz executables are on your systems' PATH
```

9.3.2　动手练习：Pytorchviz 建模可视化

1. 说明

本例使用 Pytorchviz 工具可视化 PyTorch 模型。

2. 步骤

步骤 01　导入第三方库，代码如下：

```
import torch
from torch import nn
from torchviz import make_dot, make_dot_from_trace
```

步骤 02　随机生成数据集，代码如下：

```
x = torch.randn(1,8)
```

步骤 03　设置网络模型，代码如下：

```
model = nn.Sequential()
```

```
model.add_module('W0', nn.Linear(8, 16))
model.add_module('tanh', nn.Tanh())
model.add_module('W1', nn.Linear(16, 1))
```

步骤 04 可视化网络结构，代码如下：

```
vis_graph = make_dot(model(x), params=dict(model.named_parameters()))
vis_graph.view()

with torch.onnx.select_model_mode_for_export(model, False):
    trace= torch.jit.trace(model, (x,))
torch.trace
```

3. 小结

本例通过 Pytorchviz 工具可视化 PyTorch 模型。

运行上述代码，会在当前目录下保存一个 Digraph.gv.pdf 文件，并在浏览器中默认打开，如图 9-25 所示。

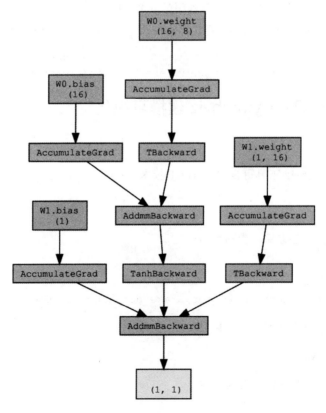

图 9-25　模型可视化

9.4　Netron

Netron 是一个支持 PyTorch 的可视化工具，它的开发者是微软的 Lutz Roeder。Netron 操作简单快捷，就像保存文件、打开文件一样，简单高效。本节通过案例介绍模型可视化工具 Netron。

9.4.1　Netron 简介

Netron 支持各种平台，在 Linux、macOS、Window 上都可以像一款普通软件那样安装使用。

在复现别人的模型的时候，有时我们要知道一个模型的输入与输出名，可是有时作者并没有告诉我们，要我们自己去查，有了这个工具，就可以清晰地看见网络的输入与输出名，以及具体的网络结构。相比 TensorBoard，Netron 更加轻量化，而且支持各种框架。Netron 最为强大的功能在于它所支持的框架十分广泛，除 PyTorch 之外，还支持 ONNX、Keras、CoreML、Caffe2、MXNet、TensorFlow Lite、Caffe、Torch、CNTK、PaddlePaddle、Darknet、Scikit-Learn、TensorFlow.js、TensorFlow 等。

Netron 强大的原因在于：

1）所支持的平台广泛。当前主流的深度学习框架，Netron 都能很好地支持。

2）操作简单快捷。不需要写一行代码，只需要下载软件安装，然后打开需要可视化的文件，一步操作即可，当然也可以通过代码实现。

3）保存快捷。对于可视化的结果，就像保存普通文件一样，一步到位，保存在自己的计算机上。

在使用 Netron 之前，可以通过以下命令安装 Netron：

```
pip install netron
```

注　意
由于 Netron 不支持默认的 PyTorch 模型格式（.pth），因此需要存为 ONNX 格式。

9.4.2 动手练习：Netron 建模可视化

1. 说明

本例通过 Netron 工具可视化 PyTorch 模型，使用 CIFAR-10 数据集。

2. 步骤

步骤01 导入相关第三方库，代码如下：

```
import math
import netron
import torch
import torch.onnx
import torch.nn as nn
from torch.autograd import Variable
```

步骤02 初始化参数配置，代码如下：

```
defaultcfg = {
    11 : [64, 'M', 128, 'M', 256, 256, 'M', 512, 512, 'M', 512, 512],
    13 : [64, 64, 'M', 128, 128, 'M', 256, 256, 'M', 512, 512, 'M', 512,
512],
    16 : [64, 64, 'M', 128, 128, 'M', 256, 256, 256, 'M', 512, 512, 512,
'M', 512, 512, 512],
    19 : [64, 64, 'M', 128, 128, 'M', 256, 256, 256, 256, 'M', 512, 512,
512, 512, 'M', 512, 512, 512, 512],}
```

步骤03 设置网络结构，代码如下：

```
class vgg(nn.Module):
    def __init__(self, dataset='cifar10', depth=19, init_weights=True,
cfg=None):
        super(vgg, self).__init__()
        if cfg is None:
            cfg = defaultcfg[depth]

        self.feature = self.make_layers(cfg, True)

        if dataset == 'cifar10':
            num_classes = 10
```

```
        elif dataset == 'cifar100':
            num_classes = 100
        self.classifier = nn.Linear(cfg[-1], num_classes)
        if init_weights:
            self._initialize_weights()

    def make_layers(self, cfg, batch_norm=False):
        layers = []
        in_channels = 3
        for v in cfg:
            if v == 'M':
                layers += [nn.MaxPool2d(kernel_size=2, stride=2)]
            else:
                conv2d = nn.Conv2d(in_channels, v, kernel_size=3, padding=1,
bias=False)
                if batch_norm:
                    layers += [conv2d, nn.BatchNorm2d(v),
nn.ReLU(inplace=True)]
                else:
                    layers += [conv2d, nn.ReLU(inplace=True)]
                in_channels = v
        return nn.Sequential(*layers)

    def forward(self, x):
        x = self.feature(x)
        x = nn.AvgPool2d(2)(x)
        x = x.view(x.size(0), -1)
        y = self.classifier(x)
        return y

    def _initialize_weights(self):
        for m in self.modules():
            if isinstance(m, nn.Conv2d):
                n = m.kernel_size[0] * m.kernel_size[1] * m.out_channels
                m.weight.data.normal_(0, math.sqrt(2. / n))
                if m.bias is not None:
                    m.bias.data.zero_()
            elif isinstance(m, nn.BatchNorm2d):
```

```
        m.weight.data.fill_(0.5)
        m.bias.data.zero_()
    elif isinstance(m, nn.Linear):
        m.weight.data.normal_(0, 0.01)
        m.bias.data.zero_()
```

步骤 04 输出可视化结果，代码如下：

```
if __name__ == '__main__':
    net = vgg()
    x = Variable(torch.FloatTensor(16, 3, 40, 40))
    y = net(x)
    print(y.data.shape)
    onnx_path = "onnx_model_name.onnx"
    torch.onnx.export(net, x, onnx_path)
    netron.start(onnx_path)
```

3. 小结

本例使用 Netron 工具对 CIFAR-10 数据集进行可视化建模。

运行上述模型代码，输出如下：

```
torch.Size([16, 10])
Serving 'onnx_model_name.onnx' at http://localhost:8080
```

在浏览器中打开链接：http://localhost:8080，弹出如图 9-26 所示的初始页面。

图 9-26　初始页面

单击 Accept 按钮，输出如图 9-27 所示。

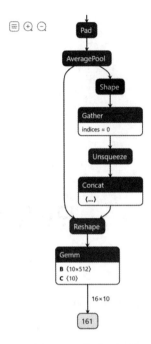

图 9-27　模型可视化

9.5　练习题

练习 1：搭建 Visdom 可视化环境，并阐述其可视化的主要步骤。

练习 2：搭建 TensorBoard 可视化环境，并阐述其可视化的主要步骤。

第 10 章

PyTorch 联邦学习

数据孤岛是制约人工智能技术发展和落地的主要障碍，随着人们隐私保护意识的增强，联邦学习（Federated Learning，FL）在数据不能共享的情况下，却能达到数据共享的目的，受到广泛关注。联邦学习分为横向联邦学习、纵向联邦学习和联邦迁移学习，具有数据隔离、质量保证、各参数方地位等同、独立性等优点。本章介绍联邦学习以及 PyTorch 在联邦学习中的应用。

10.1　联邦学习算法简介

联邦学习是一个机器学习框架，能有效帮助多个机构在满足用户隐私保护、数据安全和政府法规的要求下，进行数据使用和机器学习建模。本节介绍联邦学习的基础知识。

10.1.1　联邦学习提出背景

随着计算机计算性能的提升，机器学习作为海量数据的分析处理技术，已经广泛服务于人类社会。然而，当前机器学习技术的发展过程中面临两大挑战：一是数据安全难以得到保障，隐私数据泄漏问题仍亟待解决；二是由于网络安全隔离和行业隐私，不同行业、不同部门之间存在数据壁垒，导致数据形成孤岛，无法安全共享，而仅凭各部门独立数据训练的机器学习模型，性能无法达到全局最优化。

为了解决以上问题，在 2017 年 4 月，谷歌提出了联邦学习技术，其通过将机器学习的数据存储和模型训练阶段转移至本地用户,而仅与中心服务器交互模型更新的方式有效保障了用户的隐私安全。2019 年被称为联邦学习元年,作为网络安全领域新的研究热点,联邦学习吸引了大量关注与研究。

10.1.2　联邦学习基本概念

目前,传统的机器学习算法需要用户将源数据上传到高算力的云服务器上集中训练,这种方式无疑导致了数据流向的不可控和敏感数据泄漏问题。McMahan 等在 2016 年首次提出联邦学习技术,允许用户在机器学习过程中既可以保护用户隐私,又无须源数据聚合形成训练数据共享。

联邦学习本质上是一种分布式的机器学习技术,主要包括客户端和中心服务器。客户端(如平板、手机、IoT 设备)在中心服务器(如服务提供商)的协调下共同训练模型,其中客户端负责训练本地数据得到本地模型(Local Model),中心服务器负责加权聚合本地模型,得到全局模型(Global Model),经过多轮迭代后,最终得到一个趋近集中式机器学习结果的模型,有效地降低了传统机器学习的源数据聚合带来的许多隐私风险。

联邦学习的一次迭代过程如下:

1)客户端从服务器下载全局模型。
2)客户端训练本地数据得到本地模型。
3)各方客户端上传本地模型更新到中心服务器。
4)服务器接收各方数据后进行加权聚合操作,得到全局模型。

综上所述,联邦学习技术具有以下几个特点:

1)原数据保留在本地客户端,与中心服务器交互的只是模型更新信息。
2)联邦学习的参与方联合训练出的模型将被各方共享。
3)联邦学习最终的模型精度与集中式机器学习相似。
4)联邦学习参与方的训练数据质量越高,全局模型精度越高。

10.2　联邦学习主要类型

根据数据分布的情况,可以把联邦学习分为横向联邦学习、纵向联邦学习与联邦迁移学习 3 种类型。本节详细介绍联邦学习的主要类型。

10.2.1 横向联邦学习及其过程

横向联邦学习的本质是样本的联合，适用于参与者业态相同，但触达客户不同，即特征重叠多、用户重叠少的场景，比如不同地区的银行间，它们的业务相似（特征相似），但用户不同（样本不同）。

学习过程如下：

步骤01 参与方各自从服务器 A 下载新模型。

步骤02 每个参与方利用本地数据训练模型，加密梯度上传给服务器 A，服务器 A 聚合各用户的梯度更新模型参数。

步骤03 服务器 A 返回更新后的模型给各参与方。

步骤04 各参与方更新各自模型。

示意图如图 10-1 所示。

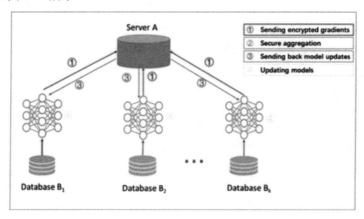

图 10-1　横向联邦学习

步骤解读：在传统的机器学习建模中，通常是把模型训练需要的数据集合到一个数据中心，然后训练模型，之后预测。在横向联邦学习中，可以看作是基于样本的分布式模型训练，分发全部数据到不同的机器，每台机器从服务器下载模型，然后利用本地数据训练模型，之后返回给服务器需要更新的参数；服务器聚合各机器上返回的参数，更新模型，再把新的模型反馈到每台机器。

在这个过程中，每台机器下都是相同且完整的模型，且机器之间不交流、不依赖，在预测时每台机器也可以独立预测，可以把这个过程看作基于样本的分布式模型训练。谷歌最初就是采用横向联邦的方式解决安卓手机终端用户在本地更新模型的问题的。

10.2.2　纵向联邦学习及其过程

纵向联邦学习的本质是特征的联合，适用于用户重叠多、特征重叠少的场景，比如同一地区的商超和银行，它们触达的用户都为该地区的居民（样本相同），但业务不同（特征不同）。

学习过程如下：

纵向联邦学习的本质是交叉用户在不同业态下的特征联合，比如商超 A 和银行 B，在传统的机器学习建模过程中，需要将两部分数据集中到一个数据中心，然后将每个用户的特征联合成一条数据用来训练模型，所以就需要双方有用户交集（基于联合结果建模），并有一方存在标签。其学习步骤分为两大步：

步骤01　加密样本对齐，是在系统级做这件事，因此在企业感知层面不会暴露非交叉用户。

步骤02　对齐样本进行模型加密训练。

① 由第三方 C 向 A 和 B 发送公钥，用来加密需要传输的数据。
② A 和 B 分别计算和自己相关的特征中间结果，并加密交互，用来求得各自梯度和损失。
③ A 和 B 分别计算各自加密后的梯度并添加掩码发送给 C，同时 B 计算加密后的损失发送给 C。
④ C 解密梯度和损失后回传给 A 和 B，A 和 B 去除掩码并更新模型。

示意图如图 10-2 所示。

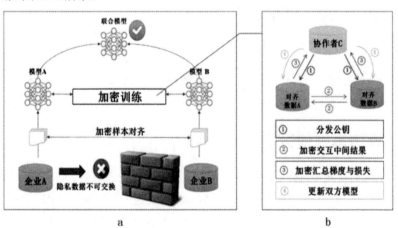

图 10-2　纵向联邦学习

10.2.3　联邦迁移学习及其过程

当参与者间的特征和样本重叠都很少时，可以考虑使用联邦迁移学习，如不同地区的银行和商超间的联合，主要适用于以深度神经网络为基模型的场景。

迁移学习是指利用数据、任务或模型之间的相似性，将在源领域学习过的模型应用于目标领域的一种学习过程。

其实我们人类对于迁移学习这种能力是与生俱来的。比如，如果已经会打乒乓球，就可以类比着学习打网球。再比如，我们如果已经会下中国象棋，就可以类比着下国际象棋。因为这些活动之间往往有着极高的相似性。生活中常用的"举一反三""照猫画虎"就很好地体现了迁移学习的思想。

迁移学习的核心是，找到源领域和目标领域之间的相似性，举一个例子：我们平时开车时，驾驶员坐在左边，靠马路右侧行驶。这是基本的规则。然而，在英国等国家开车，驾驶员是坐在右边的，需要靠马路左侧行驶。如果我们到了英国，应该如何快速地适应他们的开车方式呢？诀窍就是找到这里的不变量：不论在哪个地区，驾驶员都是紧靠马路中间。这就是我们这个开车问题中的不变量。找到相似性（不变量），是进行迁移学习的核心。

学习过程如下：

联邦迁移学习的步骤与纵向联邦学习相似，只是中间传递结果不同（实际上每个模型的中间传递结果都不同）。

10.3　联邦学习研究现状

自联邦学习概念提出后，作为网络安全领域的新兴方向，迅速得到了学术界广泛的关注，但是目前这一领域仍有许多威胁与挑战亟待解决。本节介绍联邦学习的研究现状。

10.3.1　算法重要研究进展

在联邦学习的研究中，核心的痛点问题包括通信效率短板明显、隐私安全仍有缺陷、缺乏信任与激励机制，这些问题极大地限制了联邦学习的进一步发展与应用。针对联邦学习中存在的威胁与挑战，目前已经存在许多解决方案，本节对大量文献总结归纳，分别就联邦学习的通信效率、隐私安全、信任与激励机制 3 个方面展开研究。

目前的研究中针对通信效率的改进主要有以下 3 种方法：

1）算法优化：开发适合处理非独立同分布（Non-IID）和非平衡分布数据的模型训练算法，减少用于传输的模型数据大小，加快模型训练的收敛速度。

2）压缩：压缩能够有效降低通信数据大小，但对数据的压缩会导致部分信息的丢失，此类方法需要在模型精度和通信效率之间寻找最佳的平衡。

3）分散训练：将联邦学习框架分层分级，降低中心服务器的通信负担。在大多数情况下，这几种方法是相辅相成的，通过特定的方法把这几种方案结合是研究的热点方向之一。

为了解决联邦学习中暴露的隐私泄漏问题，学术界做了大量研究来增强隐私的安全性。根据隐私保护粒度的不同，联邦学习的隐私安全被分为两类：

1）全局隐私：假定中心服务器是安全可信任的，即每轮通信的模型更新中心服务器可见。

2）本地隐私：假定中心服务器同样可能存在恶意行为，因此本地模型更新在上传到中心服务器之前需要进行加密处理。

在联邦学习中，一方面，由于服务器的中心协调地位，往往存在单点故障、执行环境不可信等问题；另一方面，如何建立激励机制，使参与方自愿消耗"算力"参与到数据联邦中是一项重大的挑战。鉴于此，目前学界主要通过结合区块链技术为联邦学习提供信任与激励机制。区块链具有的数据库不可篡改、安全可验证的特性解决了联邦学习在发展过程中的痛点问题。

10.3.2　联邦学习算法优化

算法优化是对分布式机器学习框架的改进，使其更适用于海量客户端、高频率、低容量、数据特征不均的联邦学习环境，实现通信轮数和模型更新数据的减少。

在分布式计算框架中，客户端每运行一次 SGD 算法训练，机器学习模型就会向中心服务器上传本轮产生的本地模型更新。但是，频繁的通信交互会对参与训练的各方造成不必要的通信负担。McMahan 等针对联邦学习的低带宽环境提出了 FedAvg（联邦平均）算法，要求客户端在本地多次执行 SGD 算法，然后与中心服务器交互模型更新，实现用更少的通信轮数训练出相同精度的模型。相比于基准算法 FedSGD，其在训练不同神经网络的通信轮数上减少了 1%~10% 倍，但该算法对于非凸问题没有收敛保证，在非 IID 数据集上难以收敛。

自 FedAvg 算法被提出，后续大量研究都是在此基础上做进一步的拓展，但 FedAvg 算法本身有一定的缺陷。首先，服务器端聚合时是根据客户端数据量大小来分配相应的权重，这导致拥有大量重复数据的客户端能够轻易影响全局模型；其次，客户端仅执行 SGD 算法和固定次数的 SGD 算法，一定程度上限制了模型训练的速度。对此，有学者提出了 FedProx

算法，根据客户端设备可用的系统资源执行可变次数的 SGD 算法，缩短收敛时间的同时将模型更新数据压缩了 11~23 倍，更加适用于客户端数据质量、计算资源等各不相同的联邦学习场景。同样是针对联邦学习框架的改进，还有学者认为传统的联邦学习仅利用一阶梯度下降（Gradient Descent，GD），忽略了对梯度更新的先前迭代，因此提出了全局模型方案，在联邦学习的本地模型更新阶段使用动量梯度下降（Gradient Descent with Momentum，MGD）。实验证明，在一定条件下该方案显著提升了模型训练的收敛速度。Huang 等提出了迭代自适应的 LoAdaBoost 算法，通过分析客户端更新的交叉熵损失，调整本地客户端的 Epoch 次数，相对于传统 FedAvg 算法的固定 Epoch，准确度与收敛速度均有显著提升。

10.3.3 主要应用前景介绍

在大数据时代，如何在保障数据安全和隐私的前提下实现数据共享，促进多源数据的碰撞、融合，最大限度地释放数据价值，成为当前学术界和产业界面临的最大挑战之一。而联邦学习作为应对该挑战的一项新兴技术，在诸多领域具有广阔的应用前景，如图 10-3 所示。

图 10-3 联邦学习应用前景

1）边缘计算和物联网。随着智能手机和移动互联网的普及应用，大量数据产生在设备的边缘端，移动边缘计算使计算发生在本地设备，而不需要将隐私数据发送到云端。而联邦学习作为边缘计算的操作系统，提供了一种各方协作与共享的协议规范，它能够让边缘设备在不向云端设备发送源数据的情况下，合作训练出一个最优的全局机器学习模型。未来，随着物联网的进一步发展，人工智能和边缘计算将朝着一体化的方向大步向前。

2）智慧医疗。为了降低人工成本和减少人为操作失误的可能，机器学习技术开始越来越多地应用在医疗领域，用于提升医疗诊治的效率和准确率。但是由于医疗机构的数据对于隐私和安全的敏感性，医疗数据中心很难收集到足够数量的、特征丰富的、可以全面描述患者症状的数据，而性能良好的机器学习模型往往需要来自多个数据源，包括医疗报告、病例特征、生理指标、基因序列等。联邦迁移学习是解决这类问题的有效方法，不需要交换各医疗机构的私有数据，协同所有的训练参与方训练一个共享模型，同时迁移学习技术可以扩展训练数据的样本空间和特征空间，有效降低各医疗机构之间样本分布的差异性。

3）金融风控。为了维持金融行业稳定、进行风险控制和防止金融诈骗，银行和金融公司都希望利用人工智能技术为客户提供有效且安全的金融服务。在实际应用中，对客户画像的描述通常包括资质信息、购买能力及购买偏好等，而这些信息分别分布在银行、电子商务平台和用户的私人社交网络中。出于隐私安全的考虑，将三方数据聚合并不现实，而联邦学习为构建跨企业、跨数据平台以及跨领域的大数据和 AI 系统提供了良好的技术支持。

4）智慧城市。随着人工智能、物联网和 5G 技术的发展，智慧城市的概念已经跃然纸上。然而，在城市的不同信息部门中，如后勤、应急、维稳、安保等，会产生大量的异构数据，形成多个数据孤岛，无法整合利用。联邦学习的异构数据处理能力能够帮助人们创造迅速响应市民需求的智慧城市，解决数据孤岛问题，同时基于智慧城市构建的机器学习模型为企业提供个性化服务带来了更多的机遇。

5）涉密数据的安全共享。大数据环境背景下，数据的安全交换显得尤为敏感。常规共享交换是多部门数据汇集的方法，极有可能导致权限难以控制、责任划分不清、问题难以追责，甚至造成丢失，泄密等重大安全事故。对于解决涉密数据的安全共享难题，联邦学习技术的跨域共享特性开始崭露头角，各部门之间无须汇集数据即可实现敏感数据的跨域安全共享。

10.4　动手练习：手写数字识别

下面我们讲解 PyTorch 在联邦学习中的应用，我们以一个手写数字识别的例子讲解。

手写识别是常见的图像识别任务，计算机通过手写体图片来识别图中的字，与印刷字体不同的是，不同人的手写体风格迥异、大小不一，造成了计算机完成手写识别任务的一些难度。本节介绍联邦学习的应用案例。

10.4.1　读取手写数据集

首先，导入 Python 相关的第三方库，代码如下：

```
import torch
import torchvision
```

```
import torch.nn as nn
import torch.optim as optim
from torch.utils.data import Subset
import torch.utils.data.dataloader as dataloader
from torch.nn.parameter import Parameter
import torchvision.transforms as transforms
```

使用 Subset 函数对训练数据集进行划分，这里总共有 A、B、C 三个机构，每个机构的训练集数目为 1000。然后将训练数据集放入 Dataloader 中，这里 batch_size 即每次往神经网络中放入的数据量，比如 batch_size 为 100 就是每次放入 100 个数据，总共放 10 次。shuffle 为 True 意为将数据集打乱。这里我们把整个训练集作为一个 batch_size，代码如下：

```
train_set = torchvision.datasets.MNIST(root="./",train=True,
transform=transforms.ToTensor(),download=False)
    train_set_A=Subset(train_set,range(0,1000))
    train_set_B=Subset(train_set,range(1000,2000))
    train_set_C=Subset(train_set,range(2000,3000))
    train_loader_A = dataloader.DataLoader(dataset=train_set_A,
batch_size=1000,shuffle=False)
    train_loader_B = dataloader.DataLoader(dataset=train_set_B,
batch_size=1000,shuffle=False)
    train_loader_C = dataloader.DataLoader(dataset=train_set_C,
batch_size=1000,shuffle=False)
    test_set = torchvision.datasets.MNIST(root="./",train=False,
transform=transforms.ToTensor(),download=False)
    test_set=Subset(test_set,range(0,2000))
    test_loader = dataloader.DataLoader(dataset=test_set,shuffle=True)
```

10.4.2 训练与测试模型

使用普通的训练测试过程，首先定义神经网络的类型，这里用的是简单的三层神经网络（也可以说是两层，不算输入层），输入层为 28×28，隐藏层有 12 个神经元，输出层有 10 个神经元，代码如下：

```
def train_and_test_1(train_loader,test_loader):
    class NeuralNet(nn.Module):
        def __init__(self, input_num, hidden_num, output_num):
            super(NeuralNet, self).__init__()
```

```
        self.fc1 = nn.Linear(input_num, hidden_num)   #服从正态分布
        self.fc2 = nn.Linear(hidden_num, output_num)
        nn.init.normal_(self.fc1.weight)
        nn.init.normal_(self.fc2.weight)
        nn.init.constant_(self.fc1.bias, val=0)   #初始化 bias 为 0
        nn.init.constant_(self.fc2.bias, val=0)
        self.relu = nn.ReLU()    #ReLU 激活函数

    def forward(self, x):
        x = self.fc1(x)
        x = self.relu(x)
        y = self.fc2(x)
        return y


epoches = 50   #迭代 50 轮
lr = 0.01     #学习率
input_num = 784
hidden_num = 12
output_num = 10
device = torch.device("cuda" if torch.cuda.is_available() else "cpu")


model = NeuralNet(input_num, hidden_num, output_num)
model.to(device)
loss_func = nn.CrossEntropyLoss()     #损失函数的类型：交叉熵损失函数
optimizer = optim.Adam(model.parameters(), lr=lr)   #使用 Adam 优化器
for epoch in range(epoches):
    flag = 0
    for images, labels in train_loader:
        images = images.reshape(-1, 28 * 28).to(device)
        labels = labels.to(device)
        output = model(images)

        loss = loss_func(output, labels)
        optimizer.zero_grad()
        loss.backward()     #误差反向传播，计算参数更新值
        optimizer.step()    #将参数更新值施加到 net 的 parameters 上

        flag += 1
```

```
    params = list(model.named_parameters())   #获取模型参数

#测试模型，评估准确率
correct = 0
total = 0
for images, labels in test_loader:
    images = images.reshape(-1, 28 * 28).to(device)
    labels = labels.to(device)
    output = model(images)
    values, predicte = torch.max(output, 1)
    total += labels.size(0)
    correct += (predicte == labels).sum().item()
    print("The accuracy of total {} images: {}%".format(total, 100 *
correct / total))
    return params
```

注意每次联邦学习前，bias 都要重置为 0，这样效果会更好，并且需要把做完平均后的 w 传入模型中，代码如下：

```
    def train_and_test_2(train_loader,test_loader,
com_para_fc1,com_para_fc2):
    class NeuralNet(nn.Module):
        def __init__(self, input_num, hidden_num,
output_num,com_para_fc1,com_para_fc2):
            super(NeuralNet, self).__init__()
            self.fc1 = nn.Linear(input_num, hidden_num)
            self.fc2 = nn.Linear(hidden_num, output_num)
            self.fc1.weight=Parameter(com_para_fc1)
            self.fc2.weight=Parameter(com_para_fc2)
            nn.init.constant_(self.fc1.bias, val=0)
            nn.init.constant_(self.fc2.bias, val=0)
            self.relu = nn.ReLU()

        def forward(self, x):
            x = self.fc1(x)
            x = self.relu(x)
            y = self.fc2(x)
            return y
```

```
epoches = 20
lr = 0.01
input_num = 784
hidden_num = 12
output_num = 10
device = torch.device("cuda" if torch.cuda.is_available() else "cpu")

model = NeuralNet(input_num, hidden_num,
output_num,com_para_fc1,com_para_fc2)
model.to(device)
loss_func = nn.CrossEntropyLoss()
optimizer = optim.Adam(model.parameters(), lr=lr)

for epoch in range(epoches):
    flag = 0
    for images, labels in train_loader:
        images = images.reshape(-1, 28 * 28).to(device)
        labels = labels.to(device)
        output = model(images)

        loss = loss_func(output, labels)
        optimizer.zero_grad()
        loss.backward()
        optimizer.step()

        flag += 1
    params = list(model.named_parameters())

correct = 0
total = 0
for images, labels in test_loader:
    images = images.reshape(-1, 28 * 28).to(device)
    labels = labels.to(device)
    output = model(images)
    values, predicte = torch.max(output, 1)
    total += labels.size(0)
    correct += (predicte == labels).sum().item()
```

```
    print("The accuracy of total {} images: {}%".format(total, 100 *
correct / total))
    return params
```

下面对模型参数进行平均，只对权重 w 进行平均，代码如下：

```
def combine_params(para_A,para_B,para_C):
    fc1_wA=para_A[0][1].data
    fc1_wB=para_B[0][1].data
    fc1_wC=para_C[0][1].data

    fc2_wA=para_A[2][1].data
    fc2_wB=para_B[2][1].data
    fc2_wC=para_C[2][1].data

    com_para_fc1=(fc1_wA+fc1_wB+fc1_wC)/3
    com_para_fc2=(fc2_wA+fc2_wB+fc2_wC)/3
    return com_para_fc1,com_para_fc2
```

10.4.3　模型结果输出

先进行正常的训练测试，再进行联邦后的训练测试，代码如下：

```
para_A=train_and_test_1(train_loader_A,test_loader)
para_B=train_and_test_1(train_loader_B,test_loader)
para_C=train_and_test_1(train_loader_C,test_loader)
for i in range(10):
    print("The {} round to be federated!!!".format(i+1))
    com_para_fc1,com_para_fc2=combine_params(para_A,para_B,para_C)

para_A=train_and_test_2(train_loader_A,test_loader,com_para_fc1,com_para_
fc2)

para_B=train_and_test_2(train_loader_B,test_loader,com_para_fc1,com_para_
fc2)

    para_C=train_and_test_2(train_loader_C,test_loader,
com_para_fc1,com_para_fc2)
```

运行上述代码，输出如下：

```
The accuracy of total 2000 images: 28.45%
The accuracy of total 2000 images: 32.7%
The accuracy of total 2000 images: 21.4%
The 1 round to be federated!!!
The accuracy of total 2000 images: 27.1%
The accuracy of total 2000 images: 44.15%
The accuracy of total 2000 images: 57.9%
The 2 round to be federated!!!
The accuracy of total 2000 images: 63.55%
The accuracy of total 2000 images: 67.85%
The accuracy of total 2000 images: 70.25%
The 3 round to be federated!!!
The accuracy of total 2000 images: 73.55%
The accuracy of total 2000 images: 75.15%
The accuracy of total 2000 images: 76.65%
The 4 round to be federated!!!
The accuracy of total 2000 images: 77.6%
The accuracy of total 2000 images: 78.75%
The accuracy of total 2000 images: 79.45%
The 5 round to be federated!!!
The accuracy of total 2000 images: 78.2%
The accuracy of total 2000 images: 80.05%
The accuracy of total 2000 images: 80.15%
The 6 round to be federated!!!
The accuracy of total 2000 images: 78.35%
The accuracy of total 2000 images: 79.4%
The accuracy of total 2000 images: 80.2%
The 7 round to be federated!!!
The accuracy of total 2000 images: 79.1%
The accuracy of total 2000 images: 79.15%
The accuracy of total 2000 images: 79.55%
The 8 round to be federated!!!
The accuracy of total 2000 images: 78.75%
The accuracy of total 2000 images: 79.1%
The accuracy of total 2000 images: 79.75%
The 9 round to be federated!!!
The accuracy of total 2000 images: 79.1%
The accuracy of total 2000 images: 79.45%
```

```
The accuracy of total 2000 images: 80.05%
The 10 round to be federated!!!
The accuracy of total 2000 images: 78.9%
The accuracy of total 2000 images: 78.8%
The accuracy of total 2000 images: 80.1%
```

可以看到，开始 3 个机构的准确率基本都在 30%以下，而联邦以后，其准确率有明显的提高，且随着联邦轮数的增加，最终 3 个机构的准确率接近或超过 80%。

10.5 练习题

练习 1：简述联邦学习算法的原理，并介绍其常见应用领域。

练习 2：阐述 PyTorch 中联邦学习建模的具体实现步骤。

附录 A
Python 常用第三方工具包简介

A.1　数据分析类包

1. Pandas

Pandas 是基于 NumPy 的一种工具，是为了解决数据分析任务而创建的。Pandas 纳入了大量库和一些标准的数据模型，提供了大量能使我们快速便捷地处理数据的函数和方法。

Pandas 最初由 AQR Capital Management 于 2008 年 4 月开发，并于 2009 年年底开源，目前由专注于 Python 数据包开发的 PyData 开发团队继续开发和维护，属于 PyData 项目的一部分。Pandas 最初被作为金融数据分析工具而开发出来，因此 Pandas 为时间序列分析提供了很好的支持，Pandas 的名称就来自于面板数据（Panel Data）和 Python 数据分析（Data Analysis）。

数据结构说明：

- Series: 一维数组，与NumPy中的一维array类似。二者与Python基本的数据结构List也很相近，其区别是：List中的元素可以是不同的数据类型，而Array和Series中只允许存储相同的数据类型，这样可以更有效地使用内存，以提高运算效率。
- Time- Series: 以时间为索引的Series。
- DataFrame: 二维的表格型数据结构。很多功能与R中的data.frame类似，可以将其理解为Series的容器。
- Panel: 三维的数组，可以理解为DataFrame的容器。

Pandas 有两种自己独有的基本数据结构。应该注意的是，Pandas 固然有着两种数据结构，但它依然是 Python 的一个库，所以 Python 中的部分数据类型在这里依然适用，也可以自己定义数据类型。只不过，Pandas 里面又定义了两种数据类型：Series 和 DataFrame，它们使数据操作更简单了。

2. NumPy

NumPy（Numeric Python）是高性能科学计算和数据分析的基础包。它是 Python 的一种开源的数值计算扩展，提供了许多高级的数值编程工具，如矩阵数据类型、矢量处理，以及精密的运算库，专为进行严格的数字处理而产生。

3. SciPy

SciPy 是一款方便、易于使用、专为科学和工程设计的 Python 工具包，可以处理插值、积分、优化、图像处理、常微分方程数值解的求解、信号处理等问题，用于有效计算 NumPy 矩阵，使 NumPy 和 SciPy 协同工作，以高效解决问题。

4. Statismodels

Statismodels 是一个 Python 模块，它提供对许多不同统计模型估计的类和函数，并且可以进行统计测试和统计数据的探索。Statismodels 提供一些与 Scipy 统计计算互补的功能，包括描述性统计以及统计模型估计和推断。

A.2 数据可视化类包

1. Matplotlib

Matplotlib 是一个 Python 的 2D 绘图库，它以各种硬拷贝格式和跨平台的交互式环境生成出版质量级别的图形。

Matplotlib 可能是 Python 2D 绘图领域使用最广泛的库，它能让使用者很轻松地将数据图形化，并且提供多样化的输出格式。

2. Pyecharts

Pyecharts 是一款将 Python 与 Echarts 结合的强大的数据可视化工具。

3. Seaborn

Seaborn 是基于 Matplotlib 的 Python 数据可视化库，提供更高层次的 API 封装，使用起来更加方便快捷。该模块是一个统计数据可视化库。

Seaborn 简洁而强大，和 Pandas、NumPy 组合使用效果更佳。值得注意的是，Seaborn 并不是 Matplotlib 的替代品，很多时候仍然需要使用 Matplotlib。

A.3　机器学习类包

1. Sklearn

Sklearn 是 Python 重要的机器学习库，其中封装了大量的机器学习算法，如分类、回归、降维以及聚类；还包含监督学习、非监督学习、数据变换三大模块。Sklearn 拥有完善的文档，使得它具备上手容易的优势，并且内置了大量的数据集，节省了获取和整理数据集的时间。因而，Sklearn 成为广泛应用的机器学习库。

Scikit-Learn 是基于 Python 的机器学习模块，基于 BSD 开源许可证。Scikit-Learn 的基本功能主要被分为 6 部分，即分类、回归、聚类、数据降维、模型选择、数据预处理。Scikit-Learn 中的机器学习模型非常丰富，包括 SVM、决策树、GBDT、KNN 等，可以根据问题的类型选择合适的模型。

2. Keras

高阶神经网络开发库，可运行在 TensorFlow 或 Theano 上，基于 Python 的深度学习库。Keras 是一个高层神经网络 API，它由纯 Python 编写而成，并基于 TensorFlow、Theano 以及 CNTK 后端。Keras 为支持快速实验而生，能够把你的想法迅速转换为结果。

TensorFlow 和 Theano 以及 Keras 都是深度学习框架，TensorFlow 和 Theano 比较灵活，也比较难学，它们其实就是一个微分器，Keras 其实就是 TensorFlow 的接口（Keras 作为前端，TensorFlow 或 Theano 作为后端），它也很灵活，且比较容易学。可以把 Keras 看作 TensorFlow 封装后的一个 API。Keras 是一个用于快速构建深度学习原型的高级库。我们在实践中发现，它是数据科学家应用深度学习的好帮手。Keras 目前支持两种后端框架：TensorFlow 与 Theano，而且 Keras 已经成为 TensorFlow 的默认 API。

3. Theano

Theano 是一个 Python 深度学习库，专门用于定义、优化、求值数学表达式，效率高，适用于多维数组，特别适合进行机器学习。一般来说，使用时需要安装 Python 和 NumPy。

4. XGBoost

该模块是大规模并行 Boosted Tree 的工具，它是目前最快、最好的开源 Boosted Tree 工具包。XGBoost（eXtreme Gradient Boosting）是 Gradient Boosting 算法的一个优化版本，针对传统 GBDT 算法做了很多细节改进，包括损失函数、正则化、切分点查找算法优化等。

XGBoost 的优点：相对于传统的 GBM，XGBoost 增加了正则化步骤。正则化的作用是减少过拟合现象。XGBoost 可以使用随机抽取特征，这个方法借鉴了随机森林的建模特点，可以防止过拟合。XGBoost 速度上有很好的优化，主要体现在以下方面：

1）实现了分裂点寻找近似算法，先通过直方图算法获得候选分割点的分布情况，然后根据候选分割点将连续的特征信息映射到不同的 buckets 中，并统计汇总信息。

2）XGBoost 考虑了训练数据为稀疏值的情况，可以为缺失值或者指定的值指定分支的默认方向，这能大大提升算法的效率。

3）正常情况下，Gradient Boosting 算法都是顺序执行的，所以速度较慢，XGBoost 特征列排序后，以块的形式存储在内存中，在迭代中可以重复使用，因而 XGBoost 在处理每个特征列时可以做到并行。

总的来说，XGBoost 相对于 GBDT 在模型训练速度以及降低过拟合上有不少的提升。

5. TensorFlow

谷歌基于 DistBelief 研发的第二代人工智能学习系统。

6. TensorLayer

TensorLayer 是为研究人员和工程师设计的一款基于 Google TensorFlow 开发的深度学习与强化学习库。

7. TensorForce

该模块是一个构建于 TensorFlow 之上的新型强化学习 API。

8. Jieba

Jieba 库是一款优秀的 Python 第三方中文分词库，Jieba 支持 3 种分词模式：精确模式、全模式和搜索引擎模式。下面是 3 种模式的特点：

- 精确模式：试图将语句最精确地切分，不存在冗余数据，适合进行文本分析。
- 全模式：将语句中所有可能是词的词语都切分出来，速度很快，但是存在冗余数据。
- 搜索引擎模式：在精确模式的基础上，对长词再次进行切分。

9. WordCloud

WordCloud 库可以说是 Python 非常优秀的词云展示第三方库，词云以词语为基本单位更加直观和艺术地展示文本。

10. PySpark

PySpark 是大规模内存分布式计算框架。

参考文献

[1] 李炳臻，刘克，顾佼佼，姜文志. 卷积神经网络研究综述[J]. 计算机时代，2021(04):8-12+17.

[2] 宾燚. 视觉数据的智能语义生成方法研究[D]. 电子科技大学，2020.

[3] 邓建国，张素兰，张继福，荀亚玲，刘爱琴. 监督学习中的损失函数及应用研究[J]. 大数据，2020，6(01):60-80.

[4] 许峰. 基于深度学习的网络舆情识别研究[D]. 北京邮电大学，2019.

[5] 杨丽，吴雨茜，王俊丽，刘义理. 循环神经网络研究综述[J]. 计算机应用，2018，38(S2):1-6+26.

[6] 周畅，米红娟. 深度学习中三种常用激活函数的性能对比研究[J]. 北京电子科技学院学报，2017(04):27-32.

[7] 杨丽. 音频场景分析与识别方法研究[D]. 南京大学，2013.

[8] 张敏. PyTorch 深度学习实战：从新手小白到数据科学家[M]. 北京：电子工业出版社，2020.

[9] 孙玉林，余本国. PyTorch 深度学习入门与实战（案例视频精讲）[M]. 北京：中国水利水电出版社，2020.

[10] 张校捷，深入浅出 PyTorch——从模型到源码[M]. 北京：电子工业出版社，2020.

[11] 吴茂贵，郁明敏，杨本法，李涛，张粤磊. Python 深度学习：基于 PyTorch[M]. 北京：机械工业出版社，2019.

[12] 唐进民. 深度学习之 PyTorch 实战计算机视觉[M]. 北京：电子工业出版社，2018.